萌爷爷讲生命故事

# 动物这种精灵

董仁威　徐渝江/编著

U0321647

希望出版社

图书在版编目（CIP）数据

动物这种精灵 / 董仁威，徐渝江编著 . —太原：希望出版社，2024.3
（萌爷爷讲生命故事）
ISBN 978-7-5379-8928-2

Ⅰ . ①动… Ⅱ . ①董…②徐… Ⅲ . ①动物—少儿读物Ⅳ . ① Q95-49

中国国家版本馆 CIP 数据核字（2023）第 201071 号

萌爷爷讲生命故事

# 动物这种精灵　　董仁威　徐渝江 / 编著

DONGWU ZHEZHONG JINGLING

出　版　人：王　琦

项目策划：张　蕴

责任编辑：张　蕴

复　　审：柴晓敏

终　　审：张　平

美术编辑：安　星

印刷监制：刘一新　李世信

出版发行：希望出版社

地　　址：山西省太原市建设南路21号

邮　　编：030012

经　　销：全国新华书店

印　　刷：山西基因包装印刷科技股份有限公司

开　　本：720mm×1010mm　　1/16

印　　张：10

版　　次：2024年3月第1版

印　　次：2024年3月第1次印刷

印　　数：1-5000册

书　　号：ISBN 978-7-5379-8928-2

定　　价：45.00元

# 序

"萌爷爷"是谁？他是由科普作家组成的"萌爷爷"家族的"代言人"。

萌爷爷家族的叔叔、阿姨、哥哥和姐姐，他们是交叉型人才，是真正的"博士"。他们各取所长，有的将深奥的科学知识科普化，有的针对小朋友们的喜好将科普知识儿童化，还有的将科普作品文艺化，共同打造了一桌桌可口的知识盛宴。

如今，经过萌爷爷家族精心打造的第一桌宴席——"萌爷爷讲生命故事"问世了。

这桌宴席有六道大菜：《我们是谁》《我们从哪里来》《我们到哪里去》《动物这种精灵》《植物这道美景》《微生物这个幽灵》。

这是鲜活的地球上各种生命的故事套餐。人、动物、植物和微生物，是大自然创造的四大类生命奇迹。

《我们是谁》《我们从哪里来》《我们到哪里去》是讲人的故事的。这些故事运用前沿科学的最新研究成果，回答了人从一出生就关注的问题：我是谁？我从哪里来？我到哪里去？

这些问题太简单啦！你一定会这样说，从妈妈肚子里生出来，最后到火葬场，回归自然。是不是？但是，这个看似简单的问题，却被称为世界三大难题之一。现代人类从诞生到有了自我意识以后，就不断地问自己这样的问题，但直到如今也没有确切的答案。好在现代生命科学进展迅猛，它的终极秘密也一个个被科学家揭开，萌爷爷终于可以基于科学家的这些研究成果，试图回答这三个终极问题了。

《动物这种精灵》《植物这道美景》，是对生命的礼赞。

呆萌的大熊猫，古怪的食蚁兽，产蛋的哺乳动物鸭嘴兽，舍命保护幼崽的金丝猴，放个臭屁熏跑美洲狮的臭鼬，比一个篮球场还大的蓝鲸，先当妈妈后当爸爸的黄鳝，几十个有趣的动物故事保准会迷得你神魂颠倒。

美丽的花仙子，吃动物的植物，会玩隐身术的植物，能"胎生"的植物，能灭火的树，能探矿的植物，能运动的植物，"植物卫士"大战切叶蚁……几十个生动的植物故事保准会让你爱不释手。

《微生物这个幽灵》，让人类对这些隐形生命爱恨交织。它们制造了杀人无数的天花、鼠疫、流感等等瘟疫，是人类的天敌。但是，它们又为人们酿造美酒，制作豆瓣酱、豆豉、豆腐乳等美味，还能制造对付隐形杀手的抗生素。

哈哈，有趣的故事多着呢。

看了这些生动的生命故事，你不仅能增长知识，获得美的享受和阅读的快乐，还会情不自禁地产生要保护野生动物和植物，让人类与环境和谐相处的强烈愿望。

多好看的书！

哈，你已经迫不及待了吧？

萌爷爷不再啰唆，请你赶快翻开书，细细地品味这一饕餮盛宴吧。

开卷有益！

萌爷爷

# 前 言

瞧，生命女神带着她的百宝箱来了。之前，我们已经知道了生命女神的一些秘密，知道生命女神是位神奇的魔法师，她的百宝箱里藏着生命起源的秘密。那么，她的百宝箱里还装有哪些宝贝呢？你一定很想知道吧。

生命女神把百宝箱掀开了一条缝。啊，百宝箱里有一个五彩缤纷的动物世界，有的凶猛，有的温顺，有的生活在人们的身边，有的却远远地躲避着人类，保持着自己的神秘，有些还是十分有趣的家伙呢。

野生动物在大自然中艰难地生存，它们遵循优胜劣汰、弱肉强食的野生动物丛林法则，只有强者，才有机会生存下来；只有最优秀者，才有机会繁殖后代，将基因传递下去。

动物们经历了地球的沧海桑田的变化，许多野生动物要比人类更早地完成了进化，生存在远古的地球上。

随着地球气候的变化，野生动物进行了物种更新，其中少数寻找到了合适的避难所，保存下了古老的特性，比如呆萌的大熊猫、古怪的食蚁兽、奇特的鸭嘴兽等，都是远古时代遗留下来的物种，它们身上还保留有许多远古动物的特征。今天我们能够见到它们，实属幸运。

在地球动物进化的进程中，生命女神赋予它们神奇的本领以及秘密武器。

请你猜猜：

巨蟒和鳄鱼打架，最后谁能获胜？

当金丝猴母子遭遇危险时，会怎么做？

生蛋的哺乳动物鸭嘴兽怎么给宝宝喂奶？

比一个篮球场还大的蓝鲸吃什么？

哪种动物放个臭屁能熏跑美洲狮？

哈哈，有趣的故事多着呢。

生命女神创造了世间万物，动物们一代代繁衍进化，优胜劣汰。

人类也是动物，是进化程度最高级、智能最发达、大脑最聪明的哺乳动物。

人类是由爸爸妈妈或家庭成员抚养长大，许多动物也有自己的爸爸妈妈。

有爸爸妈妈的照顾，动物宝宝存活下来的可能性会更大。

可是有的动物是由爸爸生的，你相信吗？

有的动物还能先当妈妈，后当爸爸，你说奇怪不奇怪？

动物与人类有着千丝万缕的关系，一些野生动物经过长期驯化变成了家禽家畜；有的成了人类的伙伴，帮助人类从事劳动，为人类服务；还有的动物成了人类的宠物，给人们带来了许多欢乐。

这里有能听懂人的语言，按时赴约的猫咪。

有认定你是有缘人，从此不离不弃一直追随你的小狗。

有会说话，还会自己洗澡的八哥。

哈哈，作为一名宠物的主人，是多么荣耀。

生命女神的百宝箱里有许多好听、精彩、感人、有趣和奇怪的动物故事。

瞧，萌爷爷过来了，后面跟着萌爷爷的小孙女星儿。他们要去生命女神的百宝箱里探宝。你呢？一起去吧！

# 目 录

## 一、生死邻居

1. 候鸟和鱼大夫    8
2. 滴血的草    10
3. 母狼一家    12
4. 鹰王一家    14
5. 生死邻居    16
6. 太空流浪狗    19
7. 昆虫老大    22
8. 保护野生动物义不容辞    26

## 二、爸爸和妈妈

1. 金丝猴的母爱    30
2. 公狼的父爱    32
3. 刺鱼爸爸辛苦了    35
4. 会生孩子的海马爸爸    38
5. 青蛙王子的后代    40
6. 先当妈妈后当爸爸的黄鳝    42
7. 犀鸟闭洞育儿    45
8. 营冢鸟的"孵蛋器"    48
9. 针鼹鼠的育儿袋    51
10. 幸运的袋鼠宝宝    53

## 三、谁更聪明

1. 我是谁    58
2. 能理解语法的黑猩猩    61
3. 海豚交友    65
4. 非洲鹦鹉的智慧    69
5. 乌鸦的语言    73
6. 警犬的尊严    77
7. 能干的猪    81
8. 会挣钱的大象    83

## 四、谁更厉害

1. "铠甲""钢针"和"毒钩"    87
2. 化学武器    91
3. 张网捕食的"猎手"    95
4. "大棒"和"绳索"    98
5. 眼睛喷血的角蜥    101
6. 乌贼的"烟幕弹"    103
7. 分身逃命    106
8. 骗你没商量    109
9. 动物的警戒色    112

## 五、谁最奇特

1. 飞翔的哺乳动物    115
2. 神秘的"吸血鬼"    117
3. 世界之最    119
4. 古老的珍稀动物    122
5. 会生蛋的哺乳动物    125
6. 杜鹃"托儿"    127
7. 女儿国里的"小丈夫"    129
8. 多"手"的蜘蛛猴    132
9. 叫声如雷的吼猴    134
10. 会爬树的鱼    136

## 六、宠物主人的荣耀

1. 完美的旅伴    140
2. 一诺千金    143
3. 猫狗的误会    146
4. 爱犬救主    149
5. 死亡的小鸟    151
6. 小鸟出逃之谜    154
7. 黑色的精灵    157

动物这种精灵

# 一、生死邻居

野生动物按照大自然的规律，遵循丛林法则生存，有的互惠互利，有的相互竞争，更有残酷的弱肉强食……

让我们跟着萌爷爷和星儿去接近这些动物吧。

# 1. 候鸟和鱼大夫

看，飞过来啦！

春天，一群群野鸭、燕子、大雁、天鹅……对，它们都是候鸟，每年春天都会从南方长途飞回到北方出生地。这是候鸟在长期进化中遵循的规律。在这漫长的进化过程中，它们练就了非凡的本领。

野鸭每小时能飞 80～90 千米，燕子能飞 100 千米，雨燕能飞 160 千米。在迁飞途中，它们会在湖畔、河边、树林中短时间休息。但是，在飞越沙漠和大洋时，它们却能够不断地飞行，一刻也不停下。多么惊人的速度，多么了不起的耐力！

再来看那蔚蓝色的大洋深处，一条大红鲷全身爬满了海虱，

奇痒难耐。

　　它找到了海洋中的"鱼大夫"，头朝下，尾朝上，请求"鱼大夫"给它治病。

　　"鱼大夫"只有 1 寸多长，色彩鲜艳，游动时宛如一条五彩纱巾那般轻盈欢快。

　　它不仅接受了大红鲷的请求，用尖嘴将大红鲷身上的海虱一个个啄食掉，还会钻进大红鲷的大嘴巴，为大红鲷清洁口腔，多么尽责的医生啊！

　　不用担心，大红鲷绝对不会突然闭住嘴巴，一口咽下口中的小鱼。因为长期的生物进化过程，它们已经成为一对很好的互惠互利的生存伙伴。

　　这就是野生动物所遵循的丛林法则，一些动物可以结成联盟，形成互利互助的共生关系。

# 2. 滴血的草

　　野生动物所遵循的丛林法则中，更多的是弱肉强食，因为在大自然中，每种动物生存都是很艰难的。

　　瞧，眼前有高山悬崖，鹰在空中盘旋，还有森林和草原，成群的斑马、羚羊悠闲地啃食青草。

　　可是，在这生命女神百宝箱中的动物世界并不平静。

　　这不，刚生下狼仔的母狼正和狼爸爸一道，远远地围着鹿妈妈转圈。它们知道，这几天鹿妈妈就要生宝宝了。

　　果然，鹿妈妈站着不动了，接着便痛苦地收缩着肚子，不一会儿产下了一只小鹿。鹿妈妈温柔地舔着躺在草地上湿漉漉的小宝宝，轻声而有力地说："站起来！快！站起来跟随妈妈

走——不，要快快地跟随妈妈跑！"鹿妈妈知道危险就在身边，小宝宝早一刻站起来，危险就会少一分。因为作为鹿仔，躲避危险的唯一方法就是逃。鹿宝宝摇摇晃晃地站了起来……

"不能再等了，出击！"母狼向公狼使了个眼色，两只大狼凶猛地扑向草地上的鹿母子。

"孩子，快逃！"鹿妈妈用嘴使劲推了一下小鹿，便撒开四蹄，带着孩子就跑。

小鹿用尽全力跟着妈妈，可是它的腿是软的，跌跌撞撞地跑了几步，就被母狼咬住了。

母鹿回头痛苦地望了一眼倒地的宝宝——它不敢停下，公狼正凶狠地向它扑来。鹿妈妈流着泪一路狂奔，终于逃脱了公狼的追捕。

公狼回到母狼身边，温柔地说："快吃吧！先喝暖暖的鹿血，再吃温温的鹿肉，吃得饱饱的，我们的宝宝就有奶吃了。"

母狼毫不客气地喝完鹿血又吃鹿肉，然后和公狼一起叼着猎物向家跑去。

星儿哭了："好可怜的小鹿宝宝，刚生下来，还没吃妈妈的一口奶，还没仔细看看美丽的风景，就被大灰狼吃掉了。大灰狼是坏蛋！"

"星儿别说话，我们接着看。这是在野生动物的世界里。"萌爷爷小声说。

# 3. 母狼一家

狼窝建在一处悬崖下的石洞里。五只饥饿的狼仔正在洞里乱号乱窜，最小的咪咪已经饿得号不出声音，无力地趴在洞口。看到妈妈回来了，几个孩子争先恐后扑进妈妈的怀里，拼命地吸食由鹿血、鹿肉转化成的甜甜的乳汁。

狼妈妈的乳房慢慢空了，小家伙们一个个肚子圆了，精神百倍地围着爸爸妈妈嬉戏。

喂饱狼仔，母狼的肚子又饿了。公狼把那只没吃完的鹿仔递了过去："快吃吧！"

母狼说："一起吃吧，你也饿很久了。"

"为了孩子，还是你先吃吧。"看母狼吃得差不多了，公狼才开始吃，只吃了个半饱，一只鹿羔就被吃完了。

公狼温柔地舔着妻子和孩子们。小狼咪咪爬到公狼的脖子上，轻轻地咬着爸爸的耳朵。

斜阳照进了山洞，公狼猛地跃起，奔出家门。为了家，为了孩子们，它还得去捕猎。

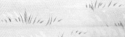

一夜过去了，公狼几乎没有什么收获，只带回来一只小老鼠。

五只狼仔就像五个无底的小洞。几个小时后，小狼仔们又开始狠命地吸食母狼的乳汁。可是，没有充足的食物，母狼的乳房总也胀不起来。小狼仔们咬着妈妈的乳头总也不肯松开。

当公狼再次空手归来后，母狼决定和公狼一起出去捕猎，因为夫妻协作围攻比单独捕猎成功率会大得多。

"小狼好可怜，没有奶水吃了。"小姑娘星儿总是同情弱小动物。

# 4.鹰王一家

狼窝之上是高高的悬崖，在峭壁上有一处很大的悬崖缝隙，这里住着鹰王一家。鹰后产下两个椭圆形的蛋。鹰王和鹰后轮流孵蛋，它们急切地盼望着鹰宝宝快快出世。

日子一天天过去了，终于，鹰老大破壳而出，接着，鹰老二也顶破了蛋壳。全身光秃秃的小鹰一出壳就张嘴要吃，妈妈忙把胃里半消化的食物吐出来喂给两个宝宝。

小鹰长得很快，食量增加得更快，只要见到爸爸妈妈就张嘴要吃的。

鹰王和鹰后有着敏锐的眼睛，能从几千米的高空看清地面奔跑的兔子和老鼠。它们还有一双锋利坚硬的爪子，可以牢牢地抓住猎物。

　　尽管这样，捕猎也不是件容易的事情，看准的猎物还是常常逃脱。因为当它们在高空盘旋时，小动物看见它们那可怕的像死神一样的影子，就纷纷往树丛中藏，这样一来鹰王鹰后就毫无办法了。

　　这不，两只小鹰已经有好几天没吃饱了。鹰老二比起鹰老大显得更瘦弱了，再继续下去，鹰老二就要被活活饿死了。因为在鹰的家庭里，是先喂饱老大，只有在食物很充足的时候，鹰老二才有幸长大。

　　鹰后和鹰王商量："悬崖下母狼的孩子这几天经常在洞口探头探脑，瞧那几个胖乎乎的圆脑袋，那肉一定特别香嫩，抓一只来，一定够我们全家饱餐一顿了。"

　　"这倒是个好主意，只是那母狼和公狼可不是好对付的，抓小狼崽子，母狼和公狼一定会拼命咬我们的。如果我们谁再出点儿意外，养活这两个宝宝就更困难了。"鹰王说。

　　"我已经观察好几天了，有时候母狼和公狼一起出去捕猎，它们那些孩子里总有不听话的，总有对外面世界好奇的。当它们跑出来的时候，我们及时下手，准能成功！"鹰后自信地说。

# 5.生死邻居

再说说悬崖下岩洞里的小狼宝宝们。

它们也一天天长大了,是一群活泼可爱的小淘气。它们在山洞里跑上跳下,厮咬着玩。咪咪虽然长得小点儿,可最淘气,对一切事物都好奇。这天,公狼带回来一只没有完全断气的大老鼠。母狼正要吃的时候,咪咪却一定要留着玩儿。望着孩子们追扑老鼠玩得开心,母狼和公狼满意地趴在洞口休息。

这些日子,公狼更瘦了。每天它都辛苦地捕猎,却只能吃个半饱。

为了孩子们有足够的奶水,能够快快长大,母狼只有更多次数地和公狼一同出去捕猎。因为只要有聪明的母狼配合,每

次它们总会有所收获。可是，每次和公狼一起出去捕猎，母狼又总在犹豫：它实在放心不下这群淘气的孩子，尤其是最小的咪咪。

每次离开家之前总叮嘱哥哥姐姐们看好它，千万别让它独自跑出洞口，因为这几天，常常会嗅到鹰后的气味。

公狼休息了一会儿，母狼决定随同它一起出去。它又叮咛了孩子们好几遍："千万别远离洞口，看到天上有黑影在盘旋，就赶紧回家藏起来。"

母狼和公狼走了，小狼们继续追扑大老鼠玩。狡猾的老鼠看准时机就朝洞口跑去，小狼们快速追上，在洞口的空地上与大老鼠追咬嬉戏。大老鼠瞅准空儿向更远的空地上跑几步，小狼们在不知不觉中也在朝更远的空地上移动。

不好！天空出现了盘旋的黑影，等候已久的鹰后准备要出击了。

"快回家！"警惕的狼哥哥看到了危险，急忙召唤弟弟妹妹们回窝。听话的小狼们急忙向家飞奔，大老鼠趁机向远处跑去。"你是我的！"咪咪哪肯丢掉心爱的玩具，它转身又去追大老鼠。就在它再次抓住大老鼠的时候，死神已经来临：空中的鹰后急冲而下，抓起了咪咪……

鹰后一家终于得到一顿饱餐。鹰老二有了力气，它和哥哥一起展翅飞向蓝天的希望更大了。

星儿哭了："不好看，不好看。"

萌爷爷说："动物按照它们的生存需求，弱肉强食，不会浪费宝贵食物，只有强壮者才能存活下来。这是野生动物遵循的丛林法则。我们不能说谁好谁坏，要尊重野生动物的丛林法则。作为人类，我们也应该遵守大自然的规律。"

什么是大自然的规律？什么是野生动物的丛林法则？星儿开始思考这些问题了。

# 6. 太空流浪狗

在生命女神的百宝箱里藏着一个感人的故事，证明动物与人类科学进步的关系源远流长。

在广袤的太空中，有一位特别的动物航天员一直在流浪。60 多年过去了，谁也不知道它流浪到哪儿了。

人类老早就有飞天的梦想，可谁能想到，第一位登上太空的地球生物却是小狗莱伊卡。

1957 年 10 月，苏联首颗人造卫星"斯普特尼克 1 号"升空一个月后，训练有素的小狗莱伊卡乘坐"斯普特尼克 2 号"于当年 11 月 3 日进入太空。

这艘飞船原来打算是要返回的。可是，因为制动装置出了问题，使飞船在返回时角度偏了一点点，从而飞入更高的轨道，返回失败。

飞船成了太空"流

浪儿"。可怜的小狗莱伊卡为人类向太空的迈进献出了宝贵的生命。

小狗莱伊卡是让人类永远铭记的英雄。人们为它竖了雕像，修建了纪念馆，还将它印在邮票上面，以表达人类对它的感激之情。

与它一样值得我们铭记的，还有其他许多为人类航天事业作出贡献的动物，它们都是我们值得尊敬的朋友！

后来，另外两只经过一年训练的狗狗，在 1960 年 8 月 19日创造了历史，成为苏联第一批安全从太空返回地球的动物。其实，这次行动可热闹了，陪它们进入太空的，还有一只兔子、40 只老鼠、一对大白鼠、一些苍蝇和植物。

1959 年 7 月，美国的两只狗狗奥特瓦日纳亚和斯内兹恩卡以及兔子马尔弗沙一起进入太空。"奥特瓦日纳亚"的意思是"勇

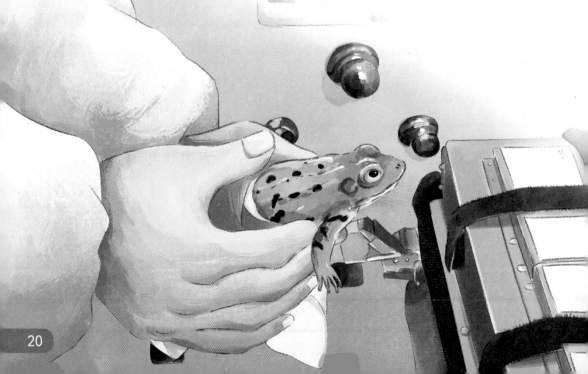

敢者"。这只狗狗最终成了经验丰富的"宇航员",总共进行了 5 次太空飞行。

1961 年,美国将一只猴子送入了太空,最终,这只猴子安全地从太空返回。

1992 年登上"奋进号"航天飞机的一名宇航员手里拿着一只青蛙。美国宇航局把青蛙送入太空,用来研究失重状态会对两栖动物的卵受精和孵化产生什么影响。

1998 年 4 月 17 日,美国"哥伦比亚号"航天飞机载着一个庞大的动物军团升空,它们有着特殊的任务——帮助科学家开展动物的神经专项实验。航天飞机上有 7 名宇航员,他们也要在自己身体上进行 11 项实验。这次上太空的动物有 2000 多只,它们是 18 只怀着小宝宝的田鼠、152 只出生不久的小白鼠、135 只蜗牛、229 条箭鱼、1500 只蟋蟀。它们一共要承担 15 个项目的实验任务。

这么多动物一起登上太空,多有趣呀,航天飞机成了一个大动物园! 原来寂寞的太空旅行,这下子老鼠跳,蜗牛爬,鱼儿游,蟋蟀叫,充满了生机与乐趣!

在航天领域里,动物永远是先行者。因为航天事业永无止境,人类登上了月球,探测了太阳系中的一些星球,还要向更远的太空进发。人类每向太空迈进一步,不是让动物先去试试,就是带着动物一起去。

星儿听了若有所思地说:"如果动物不愿意去呢?"

# 7. 昆虫老大

仔细瞧，生命女神的百宝箱里又出现怪事情了。

目前动物学家为地球上的动物注册了身份的有１５０多万种。怎么了？铺天盖地涌来的却是大量的昆虫，蝴蝶、蜜蜂、蝗虫、蚂蚁、苍蝇、蚊子，差不多把整个百宝箱都占满了。

"我不喜欢这么多虫子，我喜欢大熊猫。"星儿小声说。

萌爷爷说："节肢动物是动物界最大的一门，约有120万现存种，占整个动物种数的80%。"

"啥叫节肢动物呢？还有这么多。"

美丽的蝴蝶代表节肢门动物开始介绍："节肢动物分四大类，第一是昆虫类。"蝴蝶还没说完，蝗虫站了出来，要代表

昆虫说两句："昆虫是节肢动物中最大的一类,已知的昆虫有100余万种。昆虫的基本特征是,身体分为头胸腹三部分,通常有三对足和两对翅。我们蝗虫有非常强的战斗力,几百万大军可以铺天盖地,瞬间啃光整个森林和大片的庄稼。"

白蚁小声地说:"我们的战斗力也不弱,可以毁掉整栋大楼,毁掉水库大坝。"

蝴蝶飞过来:"不要老说战斗力。昆虫代表都站到这边来。"蜜蜂、蚊子、蜻蜓、苍蝇和蟑螂等都站到了昆虫的队伍里。

蜘蛛说:"我不是昆虫,我是节肢门动物的蛛形类。"蝎子连忙站到了蜘蛛的身边。

蜈蚣说:"我是节肢动物中的多足类。"

大白虾从海里探出头来说:"甲壳类报到。"

萌爷爷总结道:"节肢动物生活环境极其广泛,无论是海水、淡水、土壤、空中,都有着它们的踪迹。有些种类还寄生在其他动物的体内或体外。"

蜗牛慢吞吞地爬过来,它身后跟着章鱼、河蚌等长长的一队。只听它不紧不慢地说:"我们是软体动物,是一个非常庞大的家族,约有10多万种,约占动物总类的10%。"

动物界还有大量的非常古老的动物藏匿在水中,在海洋中有非常原始

的海绵动物，以及海蜇、珊瑚虫、水母等刺胞动物。

无呼吸系统，无循环系统，有口无肛门的扁形动物，它们的代表就是寄生虫，比如血吸虫、绦虫；像线一样的虫子，线形动物；蚯蚓、蚂蟥等身上有环的环节动物；长得像苔藓一样的苔藓动物；以海星、海胆、海参为代表的棘皮动物。

这些动物好生奇怪，好多根本就不像动物。这些动物加起来约占世界动物总类的 5% 还多一些。

百宝箱里最显眼的是脊椎动物。脊椎动物在整个动物界进化程度最高，但所占的比例却很小，还不到 5%。已知的有 7 万多种，现存有 4 万多种。

脊椎动物的背部都有一根由许多椎骨组成的脊柱，全身分为头、躯干、尾三个部分。脊椎动物通常有结实的肌肉包裹着骨头。在成长时，骨架支持体形长大，因此可以比无脊椎动物长得大。

脊椎动物又可分为鱼类、两栖类、爬行类、鸟类和哺乳类五大类群。

鱼类是脊椎动物中最多的一个类群，因为地球是一个蓝色的星球，海里的鱼类非常多，有 2～3 万种，占了脊椎动物的一半以上呢。

两栖类，常见的有青蛙、树蛙、大鲵（娃娃鱼）等，有 2000 多种。

爬行类，有蛇、乌龟、鳄鱼等 5000 多种。

鸟类是我们最熟悉的，也许你养过鹦鹉、画眉鸟、鸡、鸭、鹅、鸽子等，它们都是鸟类，约有 9000 种。

哺乳动物，就更常见啦。牧场上的马、牛、羊，森林中的猛兽狮子、老虎，动物园里淘气的猴子，憨态可掬的大熊猫，还有常见的猫、狗等，都是哺乳动物。

但是，萌爷爷告诉你："哺乳动物种类并不多，只有 5000 多种。"

在生命女神的百宝箱里，人是动物中进化到最高级阶段、进化得最完美的一个种类。

微信扫码

百科小常识
趣味测一测
科普小课堂
故事广播站

# 8. 保护野生动物义不容辞

一头野牛从百宝箱中探出头："我的亲戚欧洲原牛，在400多年前就已经灭绝了。还有可怜的蓝马羚、无齿海牛、斑驴、泰斑野马，在100多年前已经从地球上消失了！"

一只野鸽从百宝箱飞出来，叫道："19世纪初曾多达50亿只的北美旅鸽，在1914年也已绝种了。"

老虎探出身子说："我们活得很惨，人类强占了我们的家园，我们躲到哪儿都会与人类碰面。我们是森林之王，可是我们害怕人类的枪口。1930年，印度还有4万只老虎，而现在自由自在生活在大自然中的老虎是少之又少了。"

犀牛说："我们最惨，贪婪的人类需要我们的犀牛角，他

们有时候不把我们立即杀死，而是把我们的角活生生地割下。50 年前，仅肯尼亚就有 15000 头以上的犀牛，现在自由生活着的已经不多了。"

世界上最大的动物蓝鲸从海里探出头说："我们也很惨哪，总有人类开着捕鲸船追杀我们。我们体型巨大，几年才能生养一个孩子，多不容易呀！"

动物们全都站出来，讲述着自己的悲惨故事。

人类是动物界中进化程度最高、发展最快的一个物种。人类有聪明的大脑，有无尽的创造力。今天人类的活动，甚至可能影响到整个地球生物的存亡。

人类发展越来越强大，可是人类却忽视了其他物种的动物的存在，使野生动物的生存越来越困难。更可怕的是人类还无节制地抢占野生动物的家园，对野生动物肆意猎杀……

　　实际情况非常危急，野生动物的灭绝正在加速度进行中。

　　在19世纪以前的几百年间，平均每一百年才有一种鸟类或哺乳动物灭绝，而从19世纪到20世纪的两百年间，则有128种鸟类、95种哺乳动物灭绝，并有345种鸟类、200种哺乳动物、80种两栖动物和爬行动物濒临灭绝。

　　进入21世纪以来，已发展到平均每一天有一种动物被灭绝的极危险态势。

　　萌爷爷说："有位作家海明威说过，谁都不是一座孤岛，自成一体。千万不要去打听丧钟为谁而鸣，丧钟就是为你而鸣。如果野生动物都灭绝了，人类也不会生存长久。"

　　萌爷爷向人类发出倡议：希望人类都多了解动物知识，加入动物保护者的行列中，做地球环境保护的卫士。

　　这样说，是不是太严肃了？

　　这只是掀开箱子的一条缝看到的东西，生命女神的百宝箱里还有好多好多宝贝呢。

　　别急别急，让萌爷爷一件一件地抖出来。

动物这种精灵

# 二、爸爸和妈妈

打开生命女神百宝箱的第一层，噢，这里有好多温馨的故事呢。

为什么世界如此温暖有爱，因为不管是人类世界还是动物世界，都有许多好爸爸和好妈妈，是爸爸妈妈的爱和付出才让世界充满了温情。

# 1. 金丝猴的母爱

每个小朋友都有自己的爸爸妈妈，爸爸妈妈都非常爱自己的孩子，为了孩子能健康幸福地成长，他们付出任何艰辛都无怨无悔。

在动物世界里，猴子算是人类的近亲。金丝猴是中国特有的珍稀动物。

野生金丝猴主要生活在四川、贵州、云南一带，其中滇金丝猴最为珍贵稀少。

金丝猴体长53～77厘米，毛色艳丽，金光闪闪，脸天蓝色，眼圈白色，鼻孔朝天，长相十分有趣可爱，有"第二国宝"之称。

金丝猴是杂食动物，主要吃树叶、嫩树枝、花、果，食物紧缺的时候也吃树皮和树根。它们也爱吃点儿荤的，抓些昆虫和小鸟，还会采集鸟蛋来增加营养。

金丝猴拥有典型的家庭生活方式，成员之间相互关照，一起觅食、一起玩耍休息。在金丝猴的家庭中，未成年的小金丝猴有着强烈的好奇心，非常调皮好动，也倍受父母宠爱。其他成年的家庭成员，也很愿意照顾小猴宝宝。

只有小公猴成年后，会被爸爸赶出家门，只能自己到野外独立生活——男子汉当自立门户呀！

金丝猴妈妈有非常强烈的母爱，猴宝宝小的时候是时刻抱在怀里或背在背上。遇到危险的时候，母金丝猴的第一反应是带着宝宝拼命逃跑，如果实在跑不掉了，会怎么办呢？

据曾经的一位猎人讲述：许多年前，有一次他和他的猎狗追赶一只带着幼崽的金丝猴，最后在猎人和猎狗的夹击中，金丝猴走投无路了。

这时候，母金丝猴出人意料地坐下来平静地给小猴喂奶，也许它考虑的是如果自己被打死，宝宝不至于很快被饿死。然后它放下小金丝猴，把孩子藏在自己的身后，让它快跑，并将身体主动迎向猎人的枪口，示意朝自己开枪，放走它的孩子。

看到金丝猴妈妈舍身护子的表情和动作，这时除非是魔鬼才会开枪。猎人的良知被唤醒，从此他扔下了猎枪，加入保护野生动物的行列中来。

这是萌爷爷讲过的一个自己亲历的故事，什么时候被装进了生命女神的百宝箱？可真有意思。

# 2. 公狼的父爱

狼在小朋友的印象中是凶狠残忍的动物，吃小白兔，还吃小红帽。

可是在生命女神的百宝箱中，公狼却是动物界的模范丈夫和好爸爸。

狼家庭多为一夫一妻制，父母共同养育它们的孩子，如果公狼和母狼都不出意外，它们会一辈子生活在一起，终身不离不弃。

狼也喜欢群居。群狼是由狼王与王后以及它们的孩子组成的，有时狼群也收留失去父母的小狼。

在狼群中，每只狼的地位分明，这要看它的体力和智力，以及为群体所做的贡献而定。在集体捕猎时作用小或没有作用的狼，自然地位就低，分配食物时，也只能轮到最后吃点儿残羹。

狼群中只有狼王和王后有交配和生育的权力。

想拥有交配和生育权力的小狼，长大后会主动离开大家庭，去寻找年轻的异性，组成自己的家庭，建立完全属于自己的狼群。

春天，当百花盛开的时候，狼王和王后开始交配，母狼的怀孕期约为 63 天左右。幼狼 1 周左右睁眼，5 周后断奶，8 周后被带到狼群聚集处。

母狼产仔后的最初日子，总是在窝里寸步不离守护幼崽。这几天，总是狼爸爸单独外出寻觅食物带回来给母狼吃。在食物紧缺的时候，狼爸爸情愿自己不吃或者只吃一点点，而把食物留给母狼吃。因为它明白，只有让母狼吃饱，才能有丰富的乳汁，喂养它们的宝宝。

当小狼长到二十多天时，母狼的奶水已经不能完全满足它

们成长的需求了，于是必须添加一些肉食。在这段日子里，每当狼爸爸回来，孩子们就会围着爸爸转，舔它的嘴，狼爸爸就会从胃里吐出一些半消化的猎物喂给孩子们。

为了给孩子们带回这些食物，狼爸爸可是练就了超级本领。当它捕猎成功后，即便自己饥肠辘辘，也只是将猎物暂时咽下，不立即消化，带回家后吐出来喂给幼狼。

瞧，狼爸爸有多爱它的孩子们！

小狼断奶以后，父母就一起带着孩子们捕猎。狼爸爸和狼妈妈耐心地教给小狼捕猎的技巧。在这段日子里，公狼仍忠实地履行父亲的责任，继续喂食小狼，直到小狼长大，学会自己捕食猎物。

狼爸爸还真是世间爸爸们的好榜样。

# 3.刺鱼爸爸辛苦了

在生命女神的百宝箱里面，有好多鱼儿。

星儿特别喜欢一种很特别、很漂亮的小鱼儿。

瞧，刺鱼身体细长窈窕，尾柄分外修长，身披鲜艳的外衣。

在脊背上长3根刺的叫三刺鱼，长9根刺的叫九刺鱼，最多可长15根刺。

刺鱼生活在北半球的淡水、微咸水和沿海水域中。

刺鱼的独特本领是能在水下修建形似鸟巢的窝。

春天，是刺鱼的繁殖季节。这时，想当新郎的雄刺鱼会把自己打扮得特别漂亮，全身鲜艳透亮，腹部呈现出明亮的红颜色，眼睛闪着蓝色秋波。

不过在迎娶新娘之前，它首先要建一个漂亮的爱巢。

雄刺鱼以水草为原料，从肾脏分泌出黏液丝与水草黏合在一起，形成一个团状的巢。它会用身体不断地摩擦巢的内部，弄得光滑又洁净。

一切就绪，雄刺鱼出去迎娶新娘子了。

雄刺鱼跳着欢快的舞步，慢慢将雌刺鱼引向巢边。如果雌刺鱼到了巢口还害羞而不愿进去，雄刺鱼就竖起刺来触动雌刺鱼将其赶入巢里。

雌刺鱼入巢后，产下几粒卵便扬长而去。

紧接着雄刺鱼进巢排精使卵受孕。

雄刺鱼看看自己的爱巢，才有几个卵宝宝，显然不够"威武"。

它又一次外出，使出前面用过的高招，陆续引诱几条雌刺鱼进巢产卵，并在巢中使卵受孕。

直到受精卵铺满巢底后，雄刺鱼才满意地守在家门口，不再外出找新娘了。

雄刺鱼日夜守护着巢中的孩子们，成为最细心操劳的爸爸。

为了孩子们的安全，雄刺鱼不停地将那些接近爱巢的各种鱼儿赶走。

雄刺鱼还在巢边不停地劳作，它不时地头朝下尾向上，不断用前鳍对准巢口扇动水流，不停地鼓动前鳍拨水，摇动着尾巴做前游动作，以使自己能够在原地停留不动。

每一次剧烈的动作，都要持续 30 秒左右。稍微歇一会儿后，雄刺鱼又开始反复做扇动水流的苦工。

雄刺鱼为什么要如此辛苦地扇动水流呢？科学家们经研究后得知，雄刺鱼这样做是为了增加溶解在水中的氧气，以保证鱼宝宝孵化时对氧气的需求。

原来，鱼儿是不能直接吸收空气中的氧气，只能吸收溶解氧的。

随着孵化时间的增加，雄刺鱼只有更加频繁、更加拼命地扇动水流，才能满足儿女们的需求，直到孩子们顺利地孵化出来。

经过雄刺鱼一个多月不知疲倦的辛勤劳作，鱼卵都孵化出来了，刺鱼爸爸本该歇口气了，但它仍不放心，继续守候在孩子们身边。

要是孩子们游得太远，刺鱼爸爸还会把它们衔进嘴里，游到巢边，吐入巢中。

等孩子们长大了一些，能独立生活了，雄刺鱼才会离开爱巢，让孩子们各奔东西，独立去闯世界。

# 4. 会生孩子的海马爸爸

在生命女神的百宝箱里，有一群可爱的海马。它们在海洋里驰骋，在水草森林中游荡。

小朋友们都知道自己是妈妈生的，可是，海马宝宝却是爸爸生的。

爸爸也能生孩子吗？

能！海马爸爸能生孩子，这可是千真万确的。

雄海马在性成熟前，尾部腹面两侧会长起两条纵的皮褶，随着皮褶的生长逐渐愈合成一个透明的口袋——"孵卵囊"，这是一种奇特的育儿袋。

每年春夏相交的时候，成群结队的海马在水中相互追逐，寻找情侣。

在海草森林中，成双结对的雌雄海马的尾部相缠在一起，腹部相对。

雌海马细心地把卵子排到了雄海马的育儿袋中，雄海马就担当起了妈妈的角色，怀孕了。

雄海马给卵子授精后，袋子就自动闭合起来。

雄海马的袋子内皮层有很多枝状的血管，同胚胎血管网相连，供胚胎发育所需要的营养和氧气，保证受精卵很好地孕育成小海马。

胎儿在育儿袋中经过 20 天左右的"孕期"，小海马发育成熟，这时候雄海马的肚子变得很大，海马爸爸要"分娩"啦。

只见疲惫不堪的雄海马用它那能蜷曲的尾巴，无力地缠绕在海藻上，依靠肌肉的收缩，不停地前俯后仰作伸屈般的摇摆，每向后仰一次，育儿袋的门开一次，将小海马一尾接一尾地弹出体外。

海马的繁殖能力很强，雌海马一年产卵 10 ～ 20 次，每次雄海马都可以生出 30 ～ 500 尾的小海马。

瞧瞧，在生命女神的海洋牧场中，海马成群，兴旺发达。

# 5. 青蛙王子的后代

生命女神的百宝箱中蹦出了一只小青蛙，不会是位王子吧？

可是青蛙就是青蛙，只能去寻找母青蛙。

小朋友都知道，青蛙在水里产卵，孵出小蝌蚪，小蝌蚪长大又会变成青蛙。

生命女神的百宝箱里有许多奇妙的蛙。

这些蛙的繁殖方法很奇怪。

有育儿袋的蛙：繁殖时，雌蛙产下卵，蛙爸爸就帮忙将卵装进蛙妈妈的育儿袋中。当蛙卵发育成为蝌蚪时，雌蛙会爬到水源处，蜷曲和挤擦身体，让儿女们离开育儿袋，走向新的世界。

在蛙爸爸嘴巴里长大的蛙：智利有一种达尔文蛙，到了繁殖季节，雌蛙产下 10～15 枚卵，这些卵被雄蛙含进嘴里，来到喉部下面一个巨大的空腔——大声囊里。卵在里面孵化成蝌蚪。这种蝌蚪没有鳃，不能下水，在囊中以内壁的体液供应水分和营养，变成幼蛙后，随着雄蛙不断打嗝，它的嘴里就会冒出一只只幼蛙来。

能在沙漠里生存的蛙：澳大利亚中部有一种青蛙，能贮藏水，甚至可以在沙漠里产卵。偶然下一场雨后，青蛙便成群地从躲藏的洞穴中爬出来，在水中产卵。卵很快变成蝌蚪和蛙，吸掉坑洼里所有的水后，就躲到地底下，蛰休不动，直到下一场雨降落才出来。

在蛙妈妈胃里长大的蛙：澳大利亚森林的水塘里，有种青蛙的育儿方法更为奇特。雌蛙将受精卵吞进胃里，在胃里孵化8个星期。这期间，它的整个消化系统随即停止工作，胃肌萎缩，变成一层透明的薄膜。卵在胃里孵化成蝌蚪，蝌蚪靠吃卵黄囊里的食物维持生命。随着小蝌蚪的成长，雌蛙的胃胀得越来越大，甚至把肺部挤扁了，使雌蛙不得不通过皮肤来呼吸。蝌蚪长成小青蛙以后，母蛙张开大嘴巴，小青蛙便一只只地跳了出来。

小青蛙一蹦，又回到了生命女神的百宝箱里。

# 6. 先当妈妈后当爸爸的黄鳝

　　小朋友都知道爸爸就是爸爸，妈妈就是妈妈，爸爸不会变成妈妈，妈妈也不会变成爸爸。

　　噢，生命女神的百宝箱中探出一条长长的蛇！

　　不对，它不是蛇，是一条黄鳝，也叫鳝鱼，是人们餐桌上常见的食用鱼。

　　生命女神的百宝箱中怎么会有这样的动物呢？一点儿都不好看。

　　千万别急着说这样的话，你知道有一种动物，会先当妈妈然后再变成爸爸吗？

　　这多好玩儿呀！如果你的妈妈突然变成了你的爸爸，你还认识她吗？你会有什么样的感受呢？

　　对了，这种动物就是从生命女神百宝箱中探出头来的黄鳝。

　　快，我们一起来看看。

　　夏天的晚上，水田里常常有黄鳝出来乘凉、觅食，常会发出一种"咕、咕"声。

　　它不时在浅水中竖直前半截身子，把嘴伸出水面吸气，把空气贮存在口腔和喉部。它的鳃已经退化，但口腔和喉腔的内壁表皮却能在水中进行呼吸，因此，在水中的黄鳝是不会被淹死的。

黄鳝最有趣的还是它的性别，从一群黄鳝中我们可以发现，粗壮的大黄鳝都是雄的，而细小的黄鳝却都是雌的。

也就是说，黄鳝中没有"小男孩"和"老太太"。

这是为什么呢？

原来，在黄鳝的一生中，是先当妈妈，后来又变成了爸爸。

从卵孵化出来的小黄鳝条条都是雌的，待小黄鳝发育成熟，当了妈妈，卵巢产完了卵后，生殖腺就开始变化，卵巢演化成

为精巢，就此变成了雄的，不再产卵而只能排精了。

这种性别的逆转，成了整个黄鳝种族的发育规律。

据测定，20厘米以下的小黄鳝都是雌性，可以做妈妈。

长到22厘米，就逐渐开始变性了。

长呀长，长到30～38厘米时，呀，雌雄各占一半，谁是妈妈，谁是爸爸，一时还很难看出来。

再长大，长到53厘米以上，就全部都是壮实的雄黄鳝了。

当然啦，爸爸的个头就是比妈妈大嘛。

春天，是黄鳝产卵繁殖的季节。黄鳝喜欢清净的水质和环境，常潜伏在泥洞石缝中，洞穴口有一堆肥皂泡沫般的东西浮在水面上。这是黄鳝吐出来的黏液和泡沫堆成的爱巢，受精卵在泡沫中借助浮力，在水面上发育，大约七八天时间，小鳝鱼就孵化出来了。

在宝宝的发育过程中，黄鳝的爸爸妈妈都会极力保护着它们的爱巢，将心怀不轨的靠近者赶走。

黄鳝介绍完毕，便快速将头缩回了百宝箱里。

唉，星儿还没看清楚它是爸爸还是妈妈呢！

# 7. 犀鸟闭洞育儿

凑近生命女神的百宝箱。

啊，从箱子里面伸出一个巨大的长嘴！看仔细了，这张长嘴就足足占了它身长的一半。

好笑不？更好笑的是，在它的头上长有一个铜盔状的突起。

萌爷爷说，这叫盔突，就好像犀牛的角一样。这个古怪的大鸟故而得名犀鸟。

犀鸟是一种奇特而珍贵的大型鸟类，羽毛非常漂亮。宽扁的脚趾适合在树上的攀爬活动，一双大眼睛上长着又粗又长的眼睫毛。

犀鸟也被称为"爱情鸟"，雌雄犀鸟一旦结合，就会非常恩爱，形影不离，成双成对在林间飞舞，在树上歇息，相依相偎，时不时还会为对方梳理一下羽毛。

犀鸟夫妻一

生一世都在一起生活，就是死神也很难将它们分开，因为剩下的另一只会不吃不喝，在空中不断地鸣叫，不停地飞，直到最后活活饿死或累死。

也许雄犀鸟太爱它的妻子和孩子了，造就了犀鸟奇怪的育儿方式。

在非洲和亚洲的热带雨林地区，每年 1～4 月是犀鸟的繁殖期。它们会寻找合适的树洞安家。

雌犀鸟会在大树洞里产下 1～3 枚蛋。

奇怪的是，当雌犀鸟进洞后，雄犀鸟在洞外就用湿土、粪便、果实渣等混在一起，把树洞堵起来，只留下一个小孔。

雌犀鸟被禁闭在洞内产蛋、孵蛋，饿了就把嘴从小孔里伸出来，接受雄犀鸟喂食的野果、小虫子。

而雄犀鸟独自到处奔波觅食，担负着"养家"的重任。

当小犀鸟破壳而出后，家里又多了几张嘴，这可是几个小吃货，随时都在张嘴要吃的。

犀鸟爸爸为了多采集些食物，变戏法似的从自己的砂囊中脱下一层壁膜，吐出来当作"食物袋"，贮存那些采集来的果实。

这样每一次外出，犀鸟爸爸就可以带回一大袋子食物，以满足犀鸟妈妈和几个小吃货的需求。

雌犀鸟在禁闭期间会不时打扫房屋，将洞内的污物用嘴衔着从小孔抛出洞外，当自己排便时，会将屁股对着小孔直接喷射出去。

这样的生活会一直持续到幼鸟长出羽毛时，雌犀鸟才啄开洞口，同幼鸟一起重见天日。

这时候，妻子和孩子们都长得丰满肥硕，而辛勤的丈夫却变得憔悴不堪了。

犀鸟爸爸可真是好辛苦啊！

# 8. 营冢鸟的"孵蛋器"

生命女神的百宝箱中，探出了一只像鸡一样的大鸟。只见它的喙呈圆锥状，头部皮肤裸露，身上的羽毛呈黑褐色。它趾大爪强，非常适于抓挖地面。

营冢（zhǒng）鸟，这个名字真奇特，这是因为这种鸟有建造像人类的坟墓那样的大土堆的本领。

我们都知道，鸡和许多鸟是靠自己的体温，每天抱窝孵化蛋宝宝的，20 多天后，小鸡和小鸟就会破壳而出。

而营冢鸟要"聪明"一些，它营造了一种天然的"孵蛋器"来孵化自己的后代。

不同种类的营冢鸟制造"孵蛋器"的方法不同。

澳大利亚营冢鸟建造"孵蛋器"的方式比较典型。

在营冢鸟家庭中，雄营冢鸟非常辛苦，因为在接下来的几个月，它要独自完成一项庞大的工程，建造一个高有 1 米多深和直径有 2～3 米的大"孵蛋器"。

秋天，森林中的枯枝落叶满满一地，雄营冢鸟开始了它的辛勤劳动。它会选择一个隐秘安全、阳光充足的地方，用它强健的双爪掘一个大坑。

　　这个坑有 1 米多深，直径 2～3 米大。它会从四面八方收集树叶和干草放进坑内，堆成大堆，最后盖上一层泥土。这就是它建造的完美育儿温室兼新房。

　　几个月以后，雄营冢鸟领着它的新娘双双飞回来，这时候"孵蛋器"里的树叶、干草已经发酵升温。雄营冢鸟扒开土层，在堆上钻个小孔，将头伸进去，试试里面的温度是否合适。

　　若温度正好，雌营冢鸟就在腐熟的树叶间掘出一个坑，将蛋产在小坑中。由于蛋中有一个气囊，产下的蛋，蛋尖总会向下竖立在温暖的腐熟树叶堆中。

　　这时营冢鸟的爸爸和妈妈便会一齐上阵，快速用腐质土把蛋覆盖上，一层又一层，最后再堆一层泥沙。

　　好了，大功告成。这下营冢鸟夫妻就可以到外面度假去

了吧？

不行啊，它们可不放心把蛋宝宝单独留在家里。

在整个蛋宝宝的孵化过程中，营冢鸟常常飞到巢边，在树叶堆上打一个小洞，把头深深地探进去测量温度，及时扒开或堆上树叶，将温度控制在孵化所需的 30℃～ 34℃。

经过 9 ～ 12 周的孵化期，小鸟宝宝在土下约 90 厘米深处破壳而出。

刚出壳的小鸟经过艰难的 15 ～ 20 小时，才得以从地下钻出爸爸为它们建的温室土冢。

可这些刚出壳的伶俐小雏鸟，却并不认识为它们辛勤劳作的父母。

它们首先在地面拍翅奔跑，好像在说："我们终于见到天日啦！"

勤锻炼，身体好。小营冢鸟独立性可强了，经过一天的刻苦练习后，它们就能飞翔。先是飞到低矮的树丛中，然后就离开父母独立谋生去了。

大约一年后，它们也能像父母那样从事辛苦的营冢工作，繁育自己的后代。

这就是营冢鸟的故事。

# 9. 针鼹鼠的育儿袋

在生命女神的百宝箱里，星儿还看到了一种奇怪的动物。

瞧，它身长50～70厘米，重5～10千克，身上长着刺，像刺猬和豪猪；

它的嘴巴细长，四肢粗壮，看上去像一头玩具小象；

它的舌头细长，长有倒钩，可以伸出嘴外很远，又像食蚁兽。

其实，这种动物多叫针鼹（yǎn）鼠。

针鼹鼠同鸭嘴兽一样，都是很原始的哺乳动物，同样是通过产蛋繁殖后代。

对，你没听错，针鼹鼠是会产蛋的哺乳动物。

针鼹鼠拥有一个育儿袋，能让宝宝在出生后更安全地成长。

针鼹鼠的蛋和鸟蛋不一样，外壳虽然是柔软的，却很结实。

每年的繁殖季节，雌针鼹鼠腹部就会长出一个临时的育儿袋，其实针鼹鼠的全身也只有这个地方没有刺，可以用来哺育宝宝。

针鼹鼠每次只产一枚蛋，蛋内只有蛋黄，没有蛋清。

雌针鼹鼠产

下蛋后，腹部着地，用嘴巴小心地将蛋推进袋里。

蛋在袋内孵化，小针鼹鼠在袋内破壳而出。

奇怪的是，育儿袋内拥有乳腺，可分泌乳汁，却没有乳头。

这让小针鼹鼠怎么能吃到奶水呢？

不用担心。小针鼹鼠会本能地用嘴在妈妈肚皮上不断地舔食乳汁。

几天后，当小针鼹鼠的刺变硬，就离开育儿袋，钻进洞穴，在家里等待外出觅食的妈妈回来喂奶。

雌针鼹鼠的育儿袋失去了作用，也就慢慢消失了。

针鼹鼠四肢粗壮，长有五趾，趾尖锐利，挖洞特别厉害。

针鼹鼠特有本事，能够同时用四肢挖掘地面，使身体垂直地往下钻。

当遇到敌害时，针鼹鼠会蜷缩成刺球，使敌害奈何它不得。

它还可以迅速钻进松散的泥土中玩消失。

最厉害的是，针鼹鼠身上的刺十分锐利，还长有倒钩。一旦遇到敌害，针鼹鼠就会背对敌人，它的刺能脱离身体，刺入来犯者的体内，使敌害因剧烈疼痛落荒而逃。

不用担心它的刺掉光了会很难看。一段时间以后，针鼹鼠的新刺又会长出来。

对了，针鼹鼠生活在澳大利亚，主要食用蚂蚁和小昆虫。

再见了，针鼹鼠刺球。

# 10. 幸运的袋鼠宝宝

哈哈，生命女神的百宝箱里又探出了一大一小两个脑袋。

啊，是袋鼠！小朋友们对它一点儿都不陌生。

瞧，在宽阔的草原上，一只大袋鼠一蹦一跳地过来了。

从袋鼠妈妈肚皮上的育儿袋中伸出一个小脑袋，这个小家伙可能是世界上最幸福的小动物了。

在妈妈的育儿袋中，它是最安全的小宝宝，决不会遭遇像小鹿那样被食肉动物捕食的命运。

可是，当小袋鼠刚从妈妈肚子里生出来时也是很危险的。因为这个时候，它只在母亲肚子里发育了40天，属于早产胎儿。

试想一下，一个像花生米大的粉红色的小肉团，全身无毛，眼睛紧闭的早产胎儿，要去完成一件生命中最重要的事情——独自爬进妈妈肚皮上的育儿

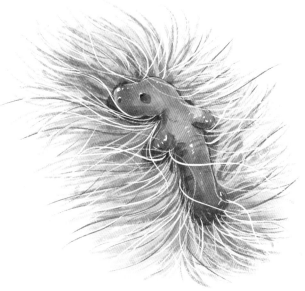

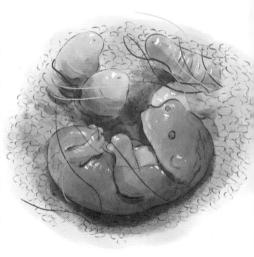

袋里。这对刚出生的小小嫩肉团般的小袋鼠来说，该多艰难呀，因为它的妈妈有 1.3 ～ 1.5 米高，从产道口到肚皮上的育儿袋，这段路是对新生命的第一次严峻的考验。如果小宝宝爬错方向掉到地上，小命就结束了。

母袋鼠长着两个子宫，右边子宫里的小仔刚出生，左边子宫里又会怀上新的胚胎，但这个胚胎暂时不会发育。

等小袋鼠长大了，完全离开育儿袋以后，这个胚胎才开始发育。

再过 40 天左右，这个小宝宝也会以相同的方式降生下来。

这样左右子宫轮流怀孕，如果外界条件适宜的话，袋鼠妈妈会一直繁殖，一个宝宝在子宫里，一个宝宝在育儿袋里，一个宝宝在外面玩耍，但还是要回来吃奶。

而对于那些生存能力低下的胎儿，会尽早被淘汰。

小宝宝只要能到达育儿袋中就享福了，那儿有四个乳头，小袋鼠整天叼着乳头，可以幸福地长大。

母袋鼠一胎可以产 1 ～ 4 个早产的胎儿。

育儿袋中有四个乳头，两个高脂肪，两个低脂肪。

高脂肪的乳汁，属于在外面蹦蹦跳跳的哥哥姐姐的。

低脂肪的乳头，才是新生宝宝的。

　　刚生出来的宝宝不仅要完成艰难的回家路程，还要和兄弟姐妹们比赛，看谁先到达育儿袋，抢先含住一个低脂肪乳头，宝宝的嘴只要一含到乳头，就再不会松口，这时乳头便会膨大，塞满宝宝口腔，要到 70 天后，宝宝才会自己吐出乳头。

　　恭喜！这个小胎儿长成了小袋鼠。

　　小袋鼠长到 3 ～ 4 个月，全身毛长齐了，背部黑灰色，腹部浅灰色，显得挺漂亮。

　　小袋鼠探出头来，母袋鼠就会把它的头按下去。小袋鼠越来越调皮，头被按下去，它又会把腿伸出来，有时还把小尾巴拖在口袋外边。

　　等小袋鼠长到 6 ～ 7 个月，就可以独自活动了，不过它还是一刻也不离开妈妈，一有危险，便马上钻到育儿袋中躲起来。

它饿了，还是回到育儿袋中吃奶。

有趣的是，这时候的妈妈育儿袋中可能已有了小弟弟或小妹妹，它们只有花生米那么大。

小袋鼠已经长得很大了，育儿袋都装不下它了，它还会把脑袋伸到妈妈肚子里面去吃奶，要到一年以后才完全断奶。

3～4年后，小袋鼠成年了，立起来有1.3～1.5米高，体重可达50千克左右。它的后腿会长得非常有劲，就像所有成年袋鼠那样。

虽然它们是蹦着走，但奔跑速度却很快，可以追得上草地上奔驰的汽车。

如果进行跳远和跳高比赛，可能谁也比不过它们。2～3米高的障碍、 7～8米宽的小河，它们可以一跃而过。

再见了，幸福成长的小袋鼠。

生命女神百宝箱的盖子慢慢合了起来。

四周一片寂静。

# 三、谁更聪明

星儿和小伙伴们都认为自己家的宠物聪明。

是的，一些动物具有很强的学习能力，经过训练的导盲犬可以引领盲人走路，是盲人的眼睛；警犬勇敢地救援灾难中的遇险者，还能机智地帮助警察搜查藏匿的毒品，是警察的好帮手……可是，你知道在生命女神的百宝箱里，哪些动物更聪明呢？

# 1. 我是谁

萌爷爷从生命女神的百宝箱中翻出一面大镜子。

萌爷爷在镜子前左照右照、前照后照："瞧瞧，我多神气！"

萌爷爷把他刚满1周岁的小孙子抱到镜子前。爷爷对着镜子做怪样，小孙子被镜子里的爷爷逗得前俯后仰，哈哈大笑。

"爷爷在哪里？"宝宝指指镜子里的爷爷，又摸摸爷爷的头。

"宝宝在哪里？"宝宝指指镜子里的宝宝，又拍拍自己的胸脯。

刚1岁的婴儿已经知道镜子里的人是自己的影像了。

萌爷爷把镜子拿给小狗看，小狗对着镜子汪汪叫。它认为，是有其他小狗来侵占自己的地盘了。它要立刻把外来狗赶走！

萌爷爷把镜子拿到小猫面前，小猫向镜子里的小猫伸出爪子，镜子里的小猫也伸出爪子。小猫朝镜子里的小猫拍了一下，感觉不对头，然

后绕到镜子的后面去看究竟，可什么都没找到。小猫又到前面来照镜子，反复多次，也不知道最后它搞清楚镜子里是谁没有。

萌爷爷驱车来到草原上考察，看到许多鸟儿在一棵大树上筑巢。

萌爷爷的萌劲上来了，他把镜子立在小鸟筑巢的大树前。

突然，一只织布鸟在镜子里发现了一只与自己一模一样的鸟儿，它大概不能容忍另一只鸟儿来侵占自己的领地。

于是，一场恶战开始了。

鸟儿一次次扑向镜子中的小鸟，想要把它赶走，可是镜子中的小鸟与它一样怒气冲天。

这场恶斗进行了将近20分钟，最后小鸟累得精疲力竭，趴在了镜子前。

小鸟怎么也弄不清楚眼前发生的一切是怎么回事。

萌爷爷拿着生命女神的镜子到处走。

在犀牛、美洲狮等动物面前放镜子做实验，发现它们都会把镜子中的动物当成对手或同伴，有的表示友善，有的甚至把镜子推倒。

在狼群前放面镜子，狼看着镜子中的头狼，又看看身边的头狼，有种似曾相识的感觉，可能它想起了在小溪边看到过的自己的倒影。

萌爷爷到动物园中去找黑猩猩，给它照镜子。

饲养员在给黑猩猩科西特拉发放食物时，偷偷在它的额头上粘了一块白色的斑点。

随后把科西特拉领到镜子前观看，过了一会儿，科西特拉从额头上毫不费力地揭下了白色斑点，还认真地嗅了嗅。

接着，科西特拉在镜子前又是检查牙齿，又是检查鼻孔，接着它还把屁股对着镜子，开始认真地研究自己的构造。

毫无疑问，它从知道镜子中的影像是自己时，就在使用镜子了。

经过许多观察实验，得出一个结论：人、猿、猩猩、猴、大象、鲸能在镜子前认出自己。这是否可以说它们比其他动物更加具有智慧呢？

对于其他动物，镜子中的影像只能引起它们的兴趣、困惑和混乱。

当然，也有更多的动物根本就不理睬镜子，镜子是啥呀？完全与它们无关。

# 2. 能理解语法的黑猩猩

在生命女神的百宝箱里，黑猩猩是与人最相似的动物。

萌爷爷说："在美国佐治亚大学语言研究中心，有一只能理解语法的黑猩猩。"

它虽然不会讲话，却看得懂手语。

这只名叫坎齐的成年黑猩猩能够用手指着一块写字板上的符号，或者敲击一个特制的有英文单词的键盘，来表达自己的愿望。

当然，坎齐的特异功能是训练出来的。

首先，研究人员教坎齐学习语言。

坎齐记住了人类的手势与写字板上的英文字符的关系。

然后，坎齐学会了词序的技巧。

研究人员设计了 635 种用英语表述的口语指令。作为对照，研究人员还让自己 2 岁的

女儿阿齐娅同坎齐一起学习。

在学习过程中，开始一段时间坎齐与阿齐娅不相上下。后来，坎齐的语法理解能力便超过了阿齐娅。

坎齐在使用这些口语时并非"鹦鹉学舌"，而是动过脑子的。比如，坎齐想看一部名叫《寻火》的电影时，便会指着写字板上的"火"与"电影"两个词，明白无误地表达自己的愿望。

由于实验规则很严格，能证明坎齐是面对完全陌生的句子，不是根据训练者的提示，而是凭借大脑的思考来完成任务的，因此，这些实验结果得到了科学界的认可。

更有趣的是，美国生物学家用电脑教黑猩猩识字造句取得了成功。

14岁的黑猩猩帕班尼沙成绩突出，它学会了3000个单词，够厉害吧？它还能够敲打键盘造出简单句子，比如："我想要一杯咖啡。"

帕班尼沙与科学家一起观看电影，它可以通过键盘和电脑附设的电子合成器把句子"说"出来，与科学家一起讨论共同观看的内容。你一定感到震惊了吧？

科学家还进行过许多实验，比如观察黑猩猩的智慧行为。

在一次实验中，人们在一间空旷房间里的天花板上悬挂一串香蕉，屋里放着几个空木箱，然后让一只饥饿的黑猩猩走进去。

黑猩猩很快便看到了香蕉。饿呀，当然急于想吃，可是偏偏又拿不到。黑猩猩正急得团团打转，不知如何是好的时候，

它发现了木箱子，接着就连忙将木箱子搬到香蕉的下方，站到木箱子上，结果还是够不着。

它又搬来一个木箱子，叠放在上面，可还是够不着。

等到再叠放上一个木箱子后，它终于拿到了自己喜欢吃的香蕉。

这证明了黑猩猩具有像人一样的"智能"行为，能够用判断和推理的方法来克服困难。

另一个实验也很有趣。

美国两位科学家对 4 只捕获不久的非洲黑猩猩进行饲养，还做了"智力"测验。

在一间屋子里，将 4 只黑猩猩相互隔开，在 4 只黑猩猩都看得到的地方放置 2 个完全相同的箱子。

参加测验的人分别扮演"友好者"和"欺骗者"。

开始时，几个"欺骗者"从箱子里取出香蕉，当着黑猩猩的面自己吃得津津有味，就是不给黑猩猩吃。

几个"友好者"从箱子里取出香蕉，分给了黑猩猩吃。

然后饲养员当着黑猩猩的面，在一些箱子里放进香蕉。再让这些"友好者"和"欺骗者"出现，并让黑猩猩分别给这些人指出哪个箱子里有香蕉。

黑猩猩对那些"欺骗者"指的全是空箱子，也耍了欺骗手段。

而对那些"友好者"指的却全是有香蕉的箱子，对他们表示友好和信任。

研究者又进行了另一个实验：不让黑猩猩知道哪个箱子里有香蕉，"欺骗者"指的是空箱子，使黑猩猩上当；"友好者"指的是有香蕉的箱子，使黑猩猩吃到了香蕉。

有两只黑猩猩很快就知道该信任谁了。它俩对"欺骗者"的指点，先是不理不睬，过了一会儿，它俩就懂得，"欺骗者"指这个箱子，那么它俩就奔向另一个箱子去取香蕉。

看来，黑猩猩同人类相处，已经能辨别出信任和不信任这样较复杂的关系。

它们的"智能"是不可否认的，它们拥有最接近人类的智慧。

黑猩猩是不是很聪明呢？

# 3. 海豚交友

在生命女神的百宝箱里，海豚也是非常聪明的动物。

海豚虽然生活在大海里，却是哺乳类动物，用肺呼吸。雌性海豚同人一样有一对乳房，用母乳哺育后代。

海豚可能也是一种接近人类的智慧生物。

动物行为学家们发现，海豚能自编表演节目。当研究人员用鲜鱼来鼓励海豚表演未经训练的动作时，海豚又翻又转又跳，全是自创的新招。

科学家长期对海豚进行观察研究后，发现了许多奥秘。

人们在一个狭窄的海湾里，设置了一种由绳索悬挂着许多铝杆的栅栏。

一艘科学考察船用水听器侦察水下情况。

海面上游来5只海豚，水听器记录反映着海豚在500米外就觉察到了这个障碍物。

有只海豚先是游到栅栏附近探查一番，再回到原地，跟同伴们交谈起来，发出一连串刺耳的吱吱声。

经过一番讨论，它们觉得那里没有危险，就一同游进海湾。

海豚的语言，同是吱吱声，却有抑扬顿挫、升调降音等的区别，十分复杂。研究人员能听懂表示"我在这里"和"求救"等声音。

在水族馆里，研究人员放掉水池中的一部分水，使水位降低了一米，将一只大海豚搁浅在池里。

大海豚在浅水里挣扎了一会儿，却没法让自己回到深水里，它感觉到了危险，需要得到救助。

大海豚在水下发出特有的"吱吱"声，几只小海豚听到了，立即赶来救援。它们一齐用力，把大海豚推到了池子的深处。

海豚还会模仿人类的简单动作，甚至还会同人谈话呢。

美国生物学家厄尔·默奇森曾对一只叫凯伊的雌海豚做了一系列实验，发现海豚具有很高的智慧。

在一个水池里，放进一些大小、形状、材质不同的物体，对海豚提问："水里有东西吗？"它潜进水里，经过探索，然后回来，轻推一个红色小球，这表示"有"。而蓝色小球，是表示"没有"。

接着又给海豚提了许多问题："有没有圆柱形物体？""是木头做的吗？""是空心的还是实心的？"……它都能一一回答出来。

人们训练海豚，可以帮助人类去做许多工作。比如，海底探测和打捞海底沉船等等。

说到海豚对人类的帮助，救助落水的船员可能是最让人感动的故事。

1964年，一艘"南洋丸"的日本渔船在海上作业，风浪中不幸触礁沉没。

6名船员瞬间葬身海底，还有4名船员在海面上挣扎求生。

就在这千钧一发危难之际，几只海豚飞快地游来，从落水

者的下方将幸存者顶起来，驮在身上，游了很久并送往岸边。海豚挽救了这4个人的生命。

海豚救人的例子并不少见，世界上还有很多这样的例子。

因为海豚有救人的本领，许多海洋动物园里都设计了海豚救人的表演，这也许是小朋友们最喜欢看的节目吧。

海豚的智商很高，情商也不低。它喜欢有选择性地与人交友。

1965年，苏格兰福思湾出现了一只择友的海豚。它在与一群快艇和冲浪艇运动员的交往中，只与一个叫斯文森的女孩相处得好。他们之间的友谊维持了好几个月，直到运动员们的训练结束，斯文森离开了海湾。

海豚并不是只和女孩交朋友，在维苏威火山附近的海边，有一名少年与一只海豚的友谊持续了好几年。每天早上，这个少年在海边一喊海豚的名字"田玛"，"田玛"便立即游到岸边，他们相互打个招呼，少年便去上学。傍晚少年放学回来，一高喊"田玛"，海豚就游过来，他俩一起在海里游泳嬉戏。

这种择友的情感智力，与人类是不是很相似？

# 4. 非洲鹦鹉的智慧

生命女神的百宝箱里飞出一只美丽的鸟儿，长着鲜艳漂亮的羽毛。

鸟儿站在百宝箱上说："百宝箱，百宝箱，我是鹦鹉，我最强！"

"啊，会说话的鹦鹉，好可爱啊！"萌爷爷和一群小朋友把漂亮的鹦鹉和百宝箱围在中间。

鹦鹉转圈点头大声说："你好，你好！好可爱啊，好可爱啊！"

"鹦鹉，你也好可爱啊！鹦鹉，你真漂亮！"小朋友们说。

"真漂亮，真漂亮！"鹦鹉点着头说。

"这只鹦鹉真聪明，会说这么多话。"萌爷爷开心地说。

"真聪明，真聪明，会说话，会说话。"鹦鹉望着萌爷爷说。

"哈哈哈……"
萌爷爷和小朋友们都
乐翻了天。

鹦鹉真的是非常
聪明、具有智慧的动

物呢。

以前，一些学者认为，人是唯一的智慧生物，所有的动物都是没有智慧的，而人类与其他动物的主要区别是思维和语言。

他们认为动物的"智慧"表现都是"本能"，是"条件反射"。谁要说动物会思考，存在大脑活动，有思维和语言，谁就会被扣上伪科学的帽子。

但是，更多的科学家相信的是事实。动物行为学家潜心研究，不断探索，证实至少在一部分动物中存在着同人一样的大脑活动，有思维和语言。

动物和人的区别，不是有无智慧的问题，而是智力程度层次的不同。

1977 年，美国的动物行为学家艾琳·佩珀伯格，研究了一只名叫亚历克斯的非洲鹦鹉，获取了动物具有思维能力的证据。

亚历克斯不仅有一般鹦鹉学舌的本领，还能用脑子思考问题，做出一些显然不是用条件反射能够解释的行为。

有一次，亚历克斯生病，佩珀伯格带它去看病，并住院治疗，第二天，佩珀伯格来接亚历克斯出院时，这只非洲鹦鹉竟说出了谁也没教过它的话。

"快过来，我爱您，让我们回家吧！"它对佩珀伯格说。

亚历克斯具有非凡的灵性，它还能对周围的事物发表自己的评论。

佩珀伯格和她的非洲鹦鹉最初工作于美国亚利桑拿州大学

动物实验室。当有人来参观时，这只非洲鹦鹉看见客人端起一个装有茶水的杯子时，会关切地说："烫！"

这只聪明的非洲鹦鹉似乎还懂得数量的概念，能够从1数到6，正确率可达80%。有趣的是，当亚历克斯发现自己回答问题出现了错误时，还会难为情地说："对不起！"

许多科学家的研究都证实了，鹦鹉学舌不仅仅是模仿，其实它们聪明着呢。鹦鹉具有非凡的智慧。

经过训练的鹦鹉，不仅能表演杂技等节目，还能帮助人类做许多工作。

美国洛杉矶的警察部队中，有一位特殊的"警官"，是一只3岁的美洲鹦鹉，它体长45厘米，具有当地警察首脑签署的警官证书。

它的职责是提醒孩子们，在穿越马路时要谨慎小心，在家里要乖乖地安分守己，不去触碰电线，不玩火，不从窗户往外爬，等等。

到1980年止，它已给4～12岁的3500名儿童上过这类安全

课。有趣的是，这位鹦鹉还会骄傲地展示它的警官证书哩。

美国加州雀鸟专家成功地训练出一批能引领盲人的鹦鹉，替代导盲犬的工作。

盲人带着一只引路鹦鹉上街，只要听从鹦鹉的指挥，一般都很安全。

受过训练的鹦鹉能够根据十字路口的红绿灯和来往车辆的情况发出口令："站住！""走吧！""向左！""向右！"

鸟类学家说，鹦鹉领路的本领比狗强。鹦鹉的视觉敏锐，可清楚辨认红绿灯，而狗是天生的色盲，没法辨认红绿灯。鹦鹉在路上的注意力比狗集中，而狗天生好奇心强，容易被周围有趣的事情吸引。

再说养一只鹦鹉比养一只狗省钱。

最重要的是：鹦鹉的寿命可长达 60 年，而狗的寿命只有十几年。想想与你朝夕相处的伙伴和"眼睛"总会早早离你而去，是件多么令人伤心的事情。所以盲人在最初选择狗还是鹦鹉的时候，肯定会考虑到陪伴时间的问题。

看来，导盲鹦鹉会有很好的前景。

如果在大街上，你看到"领路鸟"出现在盲人的肩上，为主人领路，一定不要奇怪，也不要去逗这只小鸟，因为它是盲人的"眼睛"。

这下你知道了吧？鹦鹉是多么具有智慧的动物。

# 5. 乌鸦的语言

　　生命女神的百宝箱里突然传来奇怪的声响。萌爷爷急忙过去将箱子打开，啊，飞出来一群鸟儿。

　　它们围着萌爷爷和星儿飞上飞下，叽叽喳喳，欢快地鸣叫。

　　"汪汪汪，汪汪汪……"萌爷爷突然学起了狗叫，把星儿吓了一跳。而身边的鸟儿"呼"的一下子全飞走了。

　　萌爷爷哈哈大笑。

　　星儿说："爷爷你坏，学狗叫吓跑了小鸟。"

　　"这群小鸟叽叽喳喳太吵人了。" 萌爷爷笑着说。

　　"萌爷爷，您知道小鸟说了些什么吗？"一位小朋友问。

　　"我听不懂鸟语，但是我知道，有些人听得懂，因为他们一直在研究鸟儿的语言。"萌爷爷回答道。

　　这些科学家的研究证实：语言并不是人的专利，许多动物都有自己的语言，只是我们还不了解。

鸟类通过鸣叫相互交流，鸣叫是它们的语言，有些鸟儿的叫声十分丰富。

最饶舌的鸟儿要数八哥和乌鸦了，它们各有300来个词汇。这些词汇中，最常用的是报警、警告、觅食、集会、求偶、邀请等等。

美国科学家研究了多种鸟儿的"语言"后，惊喜地发现，不同种类的鸟儿都有自己的一种"语言"，而在同类鸟儿中由于栖居地不同，它们既有自己的"地方语"，也有统一的"世界语"。

研究人员将美国宾夕法尼亚州的乌鸦报警声录下来，然后将这种录音放给美国当地的乌鸦听，它们听了后就立即慌张地飞走。

可是，把这种录音放给法国的乌鸦听，它们却毫无反应，仿佛像法国人听不懂英语那样。

同样，美国的乌鸦听了法国乌鸦的警告声，也是无动于衷。

这说明，鸟儿的"语言"是后天获得的，它们是在成长的过程中，向自己的父母或伙伴学习。

鸟儿生活在一定的范围内，学到的"语言"只能是"地方语"。

可是，人们又发现，距离宾夕法尼亚州 700 ～ 1000 千米远

的缅因州，那里的乌鸦却能听懂北欧乌鸦的报警声，当然也能领会本地乌鸦发出的报警声，这又是怎么回事呢？

原来，缅因州的乌鸦有时会横渡大西洋飞到北欧。同北欧乌鸦共同生活一段时间后，再飞回缅因州，所以它们就能听懂北欧乌鸦的报警声了。

可以这样说，缅因州的乌鸦既懂得"地方语"，又懂得了其他地方的"地方语"。

法国科学家将乌鸦的各种地方"语言"用录音机录下来，然后在田野播放。有一次，播放乌鸦受惊后的恐惧叫声后，在田野里啄食的乌鸦都飞跑了，好几天不敢再来。

另一次，在树林边播放一只被倒提着的乌鸦挣扎时凄厉的叫声，那些栖息在森林里的乌鸦立刻大声叫着惊恐地飞走了，过了很长时间才又敢飞回来。

又有一次，播放乌鸦集合的叫声，在田野中的乌鸦闻声全飞来集合，直到发现受骗后才又四散飞走。

科学家通过实验证明：乌鸦不但有自己的语言，而且智力水平几乎和灵长类动物相同，拥有解决复杂问题的能力。

乌鸦可以识别和记住人类的面部表情，这在动物世界里也是为数不多的。

乌鸦是一种"心灵手巧"的动物，它们可以把小树枝、羽毛和其他碎片用作工具，诱捕树洞里的小虫子。

动物学家长期跟踪研究一只名叫贝蒂的乌鸦，发现它竟然能把一根直铁丝弯成钩子，钩取管子里的食物。

乌鸦并不是天生就会制造工具，它是通过细心观察长辈的动作，然后又多次练习，反复实践，才熟练掌握了制造和使用工具的技能，而这也正是它们智商高的证据。

著名的动物行为学家波恩德·海英瑞长期与鸟儿生活在一起，他在《乌鸦的心》一书中写道："因为乌鸦有长期的配偶关系，我认为它们像人类一样具有爱情，因为一种长期的配偶关系是需要心灵感应和情感才能维系的。"

说得多好啊！乌鸦真是一种智慧的鸟儿呢，这让萌爷爷想起了《乌鸦喝水》的故事。

微信扫码

故事广播站
科普小课堂
趣味测一测
百科小常识

# 6. 警犬的尊严

萌爷爷有一只训练有素的小狗雪儿，萌爷爷下指令后，雪儿能与人握手，还可以竖起身子用两前爪作揖，甚至还会用两条后腿着地跳舞转圈圈。

雪儿好可爱啊！

雪儿是最聪明的动物吗？

在生命女神的百宝箱中，狗算不上最聪明的动物。但是因为狗有敏锐的嗅觉、听觉和狗特有的忠诚品格，人类早在4万年前就开始驯养狗，使狗逐渐成为人类最忠实的动物伙伴。经过训练的狗可以帮助人类做许多事情。比如，打猎、放牧、拉雪橇等等。

警犬早已成为了军队中的特种兵。警犬能忠实地执行命令，完成许多特殊的任务。警犬也有尊严和荣辱感。

在一个军营里，有一

条名叫黑子的警犬十分聪明。

有一天，训导员想出一个特殊的办法，想来测一测黑子的反应能力。

他们先是找来了十几个人，让这些人站成一排，然后让其中一位去营房"偷"了一件东西藏起来，之后再站到队伍中去。

等这一切完成后，训导员牵来了黑子，让它找出丢失的东西。黑子很快就用嘴把那件东西从藏匿处叼了出来。训导员很高兴，用手拍了拍黑子的脖颈以示嘉奖，之后，他又指了指那些人，让黑子把"小偷"找出来 。

黑子过去把每个人都嗅了嗅，没费多少劲就叼着"小偷"的裤腿将他拉出了队伍。

应该说，这项任务黑子完成得很完美，但训导员却使劲地摇着头对黑子说："不！不是他！再去找！"

黑子大为诧异，眼睛里闪出迷惑的目光，因为它确信并没有找错人，可是它对训导员又是绝对信赖。这是怎么回事呢？

"不是他！再去找！"训导员坚持着。

黑子相信了训导员的话，又回去找……但它经过了再三再四的谨慎辨别和辨认，还是把那个人叼了出来。

"不！不对！"训导员再次摇头，"再去找！"

黑子愈发迷惑了，只好又走回去找。

这次，黑子用了很长的时间去嗅辨。最后，它站在那个"小偷"的腿边转过头来，望着训导员，意思是：我觉得就是他……

"不！不是他！绝对不是他！"训导员吼道，表情变得严肃起来。

黑子的自信心被击溃了，它相信训导员一定比自己强。它终于放弃了那个人。

"就在他们中间，马上找出来！"训导员大吼。

黑子沮丧极了，在每一个人的脚边都停了一小会儿，最后它只得从训导员的眼色里试图找点儿什么迹象或什么表示。最后，当它捕捉到了训导员眼神在一刹那的微小变化时，它把停在身边的那个人叼了出来。

当然，这一次是错的。

之后，训导员把"小偷"叫出来，告诉黑子：你本来找对了，可你错就错在没有坚持。

当黑子明白这一切后，它极度痛苦地叫了一声，几大颗热泪流了出来，之后，它沉重地垂下头，一步一步地走开了。

"黑子，对不起！这只是做一个实验。"训导员追上黑子，搂着它的脖子说。

黑子挣脱了训导员，找了个背风的山岗趴下，几天不吃不喝，任训导员怎么哄，怎么道歉，始终也不肯原谅他。

这时人们才认识到，诚实是多么重要的品格。

对于这样一条警犬，你难道还不相信动物是有智慧，有与人类内心深处一样的不可言喻的情感吗？

# 7. 能干的猪

生命女神在公园里摆下了一个超酷的迷宫阵。

萌爷爷带着小朋友们走入了迷宫。孩子们在迷宫里寻找出路，四处奔跑，一个个累得气喘吁吁，可还是找不到出路。这次就算无所不知的萌爷爷，也是毫无办法了。

无奈，萌爷爷向生命女神求救："女神，你的迷宫太厉害了。我们认输了。"

生命女神从百宝箱中唤出一头小猪，用手一指，小猪跑进了迷宫，很快来到萌爷爷和孩子们身边。

小猪哼哼叫，摇着小尾巴，围着孩子们转了几圈，然后撒腿就跑。

"跟上它。"萌爷爷和孩子们跟着小猪一路小跑，终于跑出了迷宫。

猪有很好的记忆力，小朋友们玩的走迷宫游戏，一点儿也难不倒它。

猪能领会简单的符号和语言，在游戏中找到乐趣。

动物学家训练猪用嘴巴移动屏幕上的指针，并用指针找到它们第一次看到的涂鸦。

结果显示，猪完成这项任务所需的时间与黑猩猩差不多。

家猪是一万多年前人类驯化野猪的成果。

其实，家猪并不像我们想象的那样又笨又脏。家猪心思缜密，比狗还精。家猪经过训练，能表演杂技，无论是挑水、拉车，还是开门、跳舞，都比狗略胜一筹呢。

家猪也很爱清洁。如果给它自由，它会离开自己的窝，到僻静的地方去大小便。

经过训练的猪还可以帮助警察寻找毒品和走私物品，还能帮助人类寻找地下矿藏。它们的嗅觉比警犬还灵敏呢！

猪还是"采掘能手"。法国的一些地区有种黑块菌，价格昂贵，长在30厘米深的泥层里，很难找到。人们便请猪来帮忙。因为猪也爱吃这种菌，猪靠它灵敏的鼻子，这里拱拱，那里闻闻，在离地30厘米深和半径5米的范围内，能够很快嗅出黑块菌在哪里。

德国有个班贝克小镇，那里原来缺少盐。有一次，人们发现一头猪总是在一个地方不停地拱土，于是便把那里的土掘开，结果发现了一个巨大的盐矿。从此，那里的人们再也不用为吃盐发愁了。

当地人为了表彰这头猪的功绩，特地造了一座猪的纪念碑。

想不到吧，猪也是很有才气的动物呢。

# 8. 会挣钱的大象

生命女神忙着写生。眼前一条清澈的小河静静地流淌着，河边有几棵高大的枫树，远处是田野，麦苗青青，油菜花怒放，田间还点缀有桃红李白，蜜蜂蝴蝶忙碌其间。好一派生机盎然的春天景象。

生命女神正在静静地欣赏美丽的风景，从她的百宝箱中悄悄地伸出一个长鼻子，拿起画笔，在画板上作起画来。大树，小河，背景是一片黄色的油菜花，一头大象立于油画的正中间。生命女神回过神来，笑了笑，把长鼻子按回了百宝箱里。

大象的智商有多高？如果不是亲眼看见，你很难想象大象有多聪明。

在西双版纳野生动物自然保护区的野象谷大象学校，观众可以看到大象表演绘画、吹口琴、跳舞、踢球，还会表演恶作剧的游戏……

在很多地方，大象被认为是智慧的象征。它们拥有超强的记忆力和听觉。

大象的寿命和人类差不多，长寿的可达百岁。

在干旱年间和食物紧缺的时候，家庭中年长的大象会带领家庭成员准确地找到稀缺的水源和有食物的地点。如果地面没有看得见的水源，年长的大象还会根据经验，找到湿润的地区，带领同伴挖坑找到水源。

大象还拥有丰富的情感。看见同类死亡后，会伤心流泪，用鼻子轻抚亡者遗体，也会轻抚身边的同伴，相互安慰。

它们看到受伤的同伴，会尽力帮忙把受伤者拉到安全的区域。

还有一点，那就是大象会记仇哦！对那些伤害过自己的人，它们会记在脑子里，一旦有机会，就会报仇雪恨。相反，它们也懂得感恩。所以说，大象是极具智慧和灵性的动物。

大象很聪明，学习能力强，听指挥，也很勇敢。

古时候，泰国大象常用于作战，国王和大将都是骑着大象指挥战斗。大象曾为泰国人民保家卫国、抵御外敌立下赫赫战功，因此，泰国专门为大象设立了节日。

在东南亚的热带地区，大象也是人们劳动的好帮手。

人们将大象捕获后，驯养成家象，大象不但能耕地，还能运木材。大象力气大极了，用长鼻子可以一下子卷起上吨的木材，能按照主人的意愿将木材运到目的地，并轻轻放到指定地点，还会用鼻子试一试放得是否稳固，如果不稳，会去找一些小石块来垫好。要是木材太长，另一头大象会主动来帮忙一起搬运。在锯木厂里，大象在电锯旁边，能够来来往往传送木料，传递成品，还能把木板堆放得整整齐齐。

在斯里兰卡，大象干完活后，人们会奖励它一些爱吃的香蕉、木瓜等水果。有人教会了大象用钞票换水果，后来人们为了鼓励大象多干活，有时会奖给大象一些钞票。大象得到钞票后，会把钞票藏在树洞和它认为安全的地方，什么时候想吃水果了，就会用长鼻子把钞票拿出来，走到水果店，自己买水果吃。

大象不但可以帮助人们干重活儿，还可以当"交通警察"维持公共秩序哩。

印度的一座城市，有个菜市场，交通很混乱，当地政府很伤脑筋。

后来，他们请两头大象来整顿市场秩序。这两头大象用鼻子把占道经营的小贩的货筐和自行车等卷向一边。

违章者得向这两位"交通警"交付25派萨（印度货币单位）的罚款，才能领回自己的东西。

谁要是要赖给少了罚金，大象就会把这些钱币远远地抛掉。弄不好，要赖的人还会被大象卷起抛向空中呢。

经过大象"交通警"的整顿，市场秩序大为好转。

萌爷爷不禁发出感叹："哈哈！这些跟人类待久了的大象，智商都快爆表了！给它一部手机，没准也能刷支付宝呢！"

动物这种精灵

# 四、谁更厉害

在动物世界里谁更厉害？是森林之王大老虎还是威武的雄狮？是凶狠的鳄鱼还是巨蟒？其实，最厉害的还是生命女神的魔法，她造就了万千动物，各自都有惊人的本领。

咦，生命女神的百宝箱呢？让我们去看看吧。

嘿，怎么回事？一不小心，萌爷爷和星儿被吸进了百宝箱里。

# 1. "铠甲""钢针"和"毒钩"

萌爷爷和星儿进了生命女神的百宝箱。啊，这儿的一切是那么神奇！

瞧，在一个4米深的洞穴中，有一只蜷着身子呼呼大睡的穿山甲。

"爷爷，穿山甲怎么大白天还在睡觉呢？它是在冬眠吗？可现在不是冬天呀！"

"穿山甲不是在冬眠。它是白天睡大觉，傍晚才出来活动的动物。"

"我想看穿山甲吃白蚁。"星儿说完，时间立刻变到了傍晚。

"别说话，瞧，它出来了。"

只见穿山甲推开堵在洞口的松松的泥土，向森林中爬去。它很快发现了一个白蚁窝，便

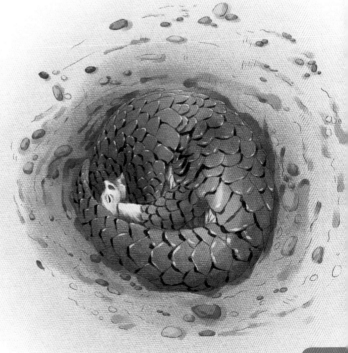

伸出弯钩般的利爪，左扒右掘起来。

　　受惊的白蚁群四处逃窜，这时，穿山甲便不慌不忙地伸出长带子般的舌头，朝白蚁群横扫过去。每扫一次，就有成百上千只白蚁被粘在它的舌头上，成了穿山甲的美餐。

　　见逃窜的白蚁越来越少了，穿山甲这才慢悠悠地爬开，来到一棵枯树前。

　　只见它往地上一趴，全身鳞片打开，并释放出一股浓烈的腥膻味，一动不动地躺在地上装起死来。

　　不一会儿，另一窝白蚁受气味引诱，一群群急急忙忙地爬到穿山甲身上觅食，白蚁越聚越多。这时，穿山甲将全身肌肉一紧，合拢鳞片，于是无数白蚁就被关在鳞片里面。

　　接着，穿山甲向水塘爬去，跳到水里，打开鳞片，晃动身

子,水面上就漂浮起一层白蚁。这时候穿山甲才伸出它的长舌头,将水面上的白蚁全部吸食干净。

"穿山甲真狡猾,小白蚁好可怜呀!"小女孩总是同情弱者。

白蚁是破坏森林的大敌,而穿山甲恰好是消灭白蚁的能手,它每天大概能吃掉1000克左右的白蚁。仅仅一只穿山甲,就能保护250亩山林不受白蚁危害。

穿山甲是保护森林的动物,人类应该保护它。

穿山甲是我们国家二级保护动物,猎杀和食用穿山甲都是犯罪的行为。

穿山甲的御敌武器是"铠甲"。它的"铠甲"由瓦状的角质鳞片构成。除腹、面及四肢内侧,穿山甲全身都披挂着这种覆瓦状的鳞片。有了这身坚固的"铠甲",穿山甲遇到想吃它的动物敌害时,便把身体蜷缩成一团,像一个大圆球。敌害动物奈何它不得,只有悻悻离去,这样穿山甲常常才能化险为夷,转危为安。

另一种动物刺猬的防身武器则是一种倒竖的"钢针"。

刺猬是一种嘴尖、耳小、四肢短,长不过25厘米的小型哺乳动物。它的浑身上下长着犹如"钢针"般坚硬、粗而短的棘刺。

当遇到敌害袭击时,弱小的它别无他法,只有将头朝腹面弯曲,身体蜷缩成一团,包住头和四肢,并将根根"钢针"竖起,使对手找不到地方下口,知难而退。

蝎子的体形虽然比穿山甲和刺猬都小得多,只有几厘米长,

是节肢动物，但它拥有的武器却厉害多了——是一种威力强大的毒钩。

蝎子可不像穿山甲和刺猬，遇到危险只会防御。蝎子是以进攻为主的肉食动物，它全身上下披挂着各种武器。

蝎子的防御性武器是周身披挂的几件铠甲。

蝎子的进攻性武器有三件：一对钳状的螯肢；一对巨大的螯足，双螯举起时，犹如一双铁掌，令敌人和猎物望而生畏；尾部的毒钩，毒钩内藏毒液，尾刺高高举起，好似一柄"方天画戟"。

蝎子昼伏夜出。夜晚，它一旦遇到蜘蛛或昆虫类猎物，立即用螯足钳住，尾刺钩转，一针下来，毒汁射出，将猎物毒死，然后慢慢享用。

穿山甲和刺猬的武器主要用以防卫，而蝎子的武器——毒钩最厉害。

让我们跟着萌爷爷一起，在生命女神的百宝箱中探索更厉害的武器吧。

# 2.化学武器

一只可怜的甲虫被一群蚂蚁包围了，前后左右无路可逃，看来只好束手待擒。一群蚂蚁可以齐心协力把一只"巨大"的甲虫抬到窝里，慢慢享用。

然而，这次，蚂蚁们遇到的可不是一只寻常的甲虫。瞧，它待在那儿一动不动，突然间抬起屁股旋扭腹部，将一股强烈的"雾气"喷向蚁群，蚂蚁们纷纷落荒而逃。

甲虫射出的"雾气"是一种化学液体。这种甲虫具有专门生产和储存过氧化氢、对苯二酚、过氧化氢酶等化学物质的腺体，在它受惊时，肌肉便收缩，使这些化合物排入一个囊状"反应室"中，反应产生氢醌和气态氧。氢醌具有刺激性的恶臭，随着气态氧的突然排放而喷射出来。

这可是甲虫的救命武器。

令人惊奇的是，小小的一只甲虫放起

"屁"来,不仅能使来犯的蚂蚁倒地痉挛,甚至能把一只青蛙击退。在昆虫这个级别的比赛中,甲虫的化学武器应该算是很厉害了。

在高一级别的动物中,像黄鼠狼、臭鼬、灵猫等动物,都是会放"化学武器"的动物。它们的肛门附近具有能分泌恶臭的腺体。一旦遇到敌害追击,就翘起尾巴放一个臭屁,把周围的空气熏得臭不可闻,敌害只好远远躲避。

美洲臭鼬是这个级别中最厉害的、以放臭屁为武器的动物。

臭鼬长得挺漂亮的,有黑白相间的花纹,有一条粗壮的尾巴,和家猫差不多大小,还是一些人很时髦的宠物呢。

臭鼬一般生活在半山区和草原地带。夜间出洞捕食鸟类、蛙类和老鼠等小型动物,白天躲在洞里睡大觉。

当臭鼬与大型食肉性动物相遇时,它会迅速抢占上风位置或制高处,傲慢地停在那里,把蓬松松的长而粗大的尾巴高高

翘起，以示警告："别靠近我。不然要你好看！"如果对方不怀好意继续靠近，臭鼬就会撅起屁股施放"化学武器"。

在 3.5 米距离内，臭鼬会一击必中，这种恶臭的气体臭到能让敌人窒息，还能引起眼睛暂时性失明，那种强烈的臭味在约 800 米的范围内都可以闻到，连熊闻到了也会远远避开，即使是美洲狮、美洲豹这类猛兽都不愿意靠近臭鼬。

要是这种"化学武器"喷到人脸上，能使人昏迷几小时呢。

别以为臭鼬以奇臭的腺体分泌物作为防卫武器，在野外就可以自由行走了。

美洲雕鸮根本就感觉不到臭鼬的攻击，所以这种猫头鹰的亲戚——美洲雕鸮就是臭鼬在大自然中的天敌。有人曾在一只美洲雕鸮的巢穴里发现了 57 只臭鼬。

哦，可怜的臭鼬！

有谁想过养一只臭鼬做宠物？很酷哦。

在臭鼬很小的时候就养在家里训练它，它就会很少放臭屁。其实臭鼬很爱干净，比猫咪、狗狗安静，也是萌萌的样子，所以得到不少人的喜爱。

在生命女神的百宝箱中，还有许多昆虫都能用有毒的化学物质为武器保护自己。

芫（yuán）菁（jīng）科昆虫能从腿的节间膜中分泌一种油状、具有发泡性和臭味的毒液。毒液中所含的芫菁素能引发皮肤、心脏、血液、神经系统的严重疾病。

乳草蝗虫颜色非常鲜艳，是个不好惹的角色。它会喷出一种毒液，虽不致命，也足够吓退猎食者！

乳草蝗虫最喜欢吃的是沼泽乳草，而沼泽乳草的汁液含有有毒化学物质。沼泽乳草本来想用这些毒液吓跑昆虫和草食动物，想不到却成为乳草蝗虫最喜欢的食物。吃乳草的蝗虫体内也拥有了毒液。当它受到威胁时，胸椎关节就会喷出毒液，击退敌害，保护自己。

斑蝶科蝴蝶也能分泌含醋酸胆碱的毒素。

虹彩燕蛾，别名太阳毒蛾，一只毒蛾分泌的毒素便能杀死10～15只兔子。

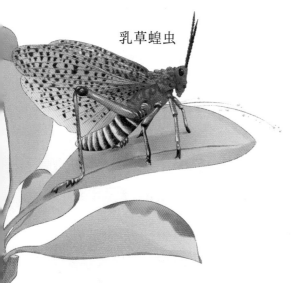

乳草蝗虫

长翅凤蝶，因其鳞片含有大量的强心甾毒素，可令燕子、麻雀和蜥蜴等避而远之。

长翅大凤蝶是非洲的代表凤蝶，翅形长度常达到20～23厘米。成虫体内有剧毒，据说一只成虫分泌的剧毒就可毒死6只猫。

拥有化学武器的动物还有很多呢，都很厉害。咱们惹不起，还是躲开它们吧。

星儿和萌爷爷赶紧走进了一片森林。

# 3.张网捕食的"猎手"

星儿蹦蹦跳跳地往前面跑。萌爷爷喊道："慢点儿，小心！这森林里到处都有危险。"

话音未落，星儿便被一张大网黏住了。这可不是一般的蜘蛛网，网丝要粗壮好多，黏性也强得多。星儿用力挣扎，才摆脱了大网的束缚。

一只超级吓人的大蜘蛛藏在大树洞里观察着外面的动静。

蜘蛛捕食的武器就是蛛网。我们常见蜘蛛张网捕捉小虫子的情景。蜘蛛可以感应到猎物冲撞或受困于蜘蛛网上时所产生的震动。蜘蛛在织成网以后，会在网上或附近等待猎物落网。

蜘蛛网里有些丝有黏性，有些却没有，如辐射状蛛网，就是纵线无黏性横线有。由于蜘蛛本身的行动也会受自己的黏液所影响，因此当它们在网上移动时，就会避免踩到带有黏液的丝线。

南美洲的热带丛林是食鸟蛛的故乡。星儿触碰到的就是食鸟蛛的网，它可不是一般的蜘蛛网。

食鸟蛛在树林的树枝之间结网，可以拦截在林间飞翔的小鸟。这种蜘蛛网很结实，能经得住300克的重量，小鸟、青蛙、蜥蜴及其他昆虫都会成为它们的猎物。星儿这个"猎物"太大了，食鸟蛛吃不动，所以按兵不动。

食鸟蛛的个头的确很吓人，有成人的拳头般大小，8只足外展时体宽可达20多厘米。头上共长着8只眼。

食鸟蛛除用黏性很强的网做猎食的武器外，还生有一对似钳子一般的螯牙。这对螯牙下连着毒腺，能自如转动，是一种十分厉害的武器。

食鸟蛛白天隐藏在蛛网附近,夜晚出来活动,一旦猎物落网,它便爬过来用螯牙咬住猎物，分泌毒液将猎物杀死，然后再慢慢享用。

食鸟蛛喜欢独处。一般能活10多年甚至30年。

食鸟蛛够厉害吧？可它也有天敌。它最怕一种大如麻雀的超级大黄蜂。

黄蜂常常偷袭食鸟蛛。它们会用尾部的毒针将食鸟蛛麻痹，使它们变得跟植物人一样。然后再将卵产到食鸟蛛的腹部，幼蜂孵出后就以食鸟蛛的内脏为食，它们会从次要的内脏吃起，让食鸟蛛不会立即死亡，以保证食物的新鲜，直到这些"寄生虫"经过几次形态的改变最终成为大黄蜂，才离开食鸟蛛的躯壳。

"真恐怖。"星儿说。

"大自然真奇妙，一物降一物啊！好吧，我们来看点儿有趣的。"萌爷爷说。

看，鹈（tí）鹕（hú）也用网捕捉猎物。

鹈鹕有着巨型身材，长约150厘米，全身长有密而短的羽毛，羽毛为白色、桃红色或浅灰褐色。

鹈鹕又名塘鹅，喜欢生活在温暖水域，主要栖息于湖泊、江河、沿海和沼泽地带。常成群生活，善于飞行，善于游泳，在地面上也能很好地行走。

鹈鹕这种大鸟，翼展宽3米，能以超过每小时40千米的速度长距离飞行。鹈鹕尾羽根部有个黄色的油脂腺，能够分泌大量的油脂，油脂被用来涂抹羽毛，保持羽毛光滑柔软，便于避水。

鹈鹕的网在宽大而尖长的嘴下，是一个巨大的能伸长的皮肤喉囊。鹈鹕的嘴真长，有30多厘米，真是可以支撑起一个不小的网呢。

鹈鹕在捕食时，张开大嘴，将鱼同水一起喝入喉囊中，然后闭嘴收缩喉囊，将水挤出，留下鱼虾，吞进胃里。如果捕的鱼虾一时吃不完，喉囊便成了"储柜"。

瞧，蜘蛛和鹈鹕的网都很厉害吧？

# 4. "大棒"和"绳索"

在生命女神的百宝箱里行走，遇见什么凶猛的动物都不用害怕。这就是生命女神百宝箱的神奇之处。

这不，萌爷爷和星儿遇到了用尾巴和身体作为武器一决胜负的两个厉害的家伙。

森蚺（rǎn）是蟒蛇中的大家伙，生活在亚马孙河附近的沼泽地带。河里的鱼儿，草地上的鼠类、鹿、野猪，树丛里的鸟儿，等等，都是它捕猎的对象。

亚马孙河流域还有一种长尾黑色的眼镜鳄，常常静静地趴在水边，看到鹿等动物到水边喝水时，就用它那有力的长尾巴猛烈地横扫过来，猎物顿时倒地，成了眼镜鳄的美餐。

但是眼镜鳄遇上森蚺，却常常退避三舍，因为森蚺是它的劲敌。有时候它们也会进行一场恶斗。一个用尾巴做大棒，猛打猛

扫；一个用身体当绳索，盘缠绞绕。

森蚺头部最怕捶击，眼镜鳄肋部则怕绞缠。较量厮杀的结果，常常是一死一伤。

正好，萌爷爷和星儿在这里目睹了一场眼镜鳄和森蚺的大决斗。

一头美洲豹跳上雪松的枝干，当它跳向另一棵树干时，枝干断了，美洲豹一个跟头跌进水中，挣扎着向河边游去，却突然又被森蚺拖住。

美洲豹咆哮着，用后肢拍打水面，张开大嘴，想咬住敌人，可是没有成功。最后它发出声嘶力竭的号叫声，沉没在水中。

第二天，这条森蚺在岸边灌木丛中休息。突然，从水中游出一条眼镜鳄。它爬上岸，发现森蚺匍匐在那里，立即张开血

盆大口，扑了过去，一口咬住森蚺，左晃右摆，想扯断森蚺的节骨。森蚺仿佛刚刚清醒过来，企图把眼镜鳄缠住，而眼镜鳄呢，则用尾巴猛击森蚺。

森蚺抓住机会，紧紧缠住眼镜鳄，越箍越紧，眼镜鳄的骨骼被挤压得咯咯响。经过一番挣扎，眼镜鳄好不容易逃脱出来，可是刚脱身，却又被缠住了。

眼镜鳄一口咬住森蚺，使劲晃动脑袋。森蚺竭力想挣脱眼镜鳄的利齿，但眼镜鳄死死咬住不松口，最后，森蚺的头被扯断了。

前面说过，眼镜鳄不会轻易侵犯森蚺，也不能轻易战胜它，这次为什么会主动进攻呢？

原来，在森蚺匍匐的地方，正好是眼镜鳄孵卵的场所。眼镜鳄是为了保护儿女，才冒险向森蚺进攻的。

而森蚺呢，因为前一天才吞食了一头美洲豹，胃胀得鼓鼓的，这时候行动迟缓，没法使出自己的全部招数。

森蚺饱食之后，需要找个地方好好休息，慢慢地消化胃里的食物。可惜它找错了地方，引起了眼镜鳄的误会，导致在厮杀时最终丧命。

是尾巴"大棒"厉害，还是身体"绳索"厉害？确实难分胜负，不过这场较量明显是母性的勇敢获胜了。

# 5. 眼睛喷血的角蜥

　　蜥蜴的大家族充满诡秘，而萌爷爷却偏偏对诡秘的动物感兴趣。

　　在墨西哥的索诺拉沙漠地区，蜥蜴不仅种类繁多，而且奇形怪状，色彩绚丽，行动神秘。其中有一种表皮坚韧的小蜥蜴，它善施骗术，能从眼中喷射出一串高达 1.8 米的血珠，轻易吓退天敌。这种蜥蜴被称为角蜥。

　　角蜥有很好的保护色，它浑身上下呈沙土色，与沙漠环境的色调一模一样，这样不管是凶狠的大型爬行动物，还是鸟类和哺乳动物，都很难发现它。

　　角蜥利用保护色，不仅可以对付敌害，还能迷惑猎物。它们常常待在一处按兵不动，一旦猎物将它们误看作沙丘、岩石，毫无防备地向它们走来时，角蜥就会张大嘴巴，一口将猎

物吞下。

角蜥身上还长有许多又尖又硬的鳞片，每个鳞片都像一把锋利的匕首，这是角蜥重要的防御武器。

看那边，一条神气活现的响尾蛇猛地向一条角蜥发起攻击，企图一口把它吞下。不料刚刚吞下角蜥的头部，就被角蜥脖子上的匕首状鳞片刺穿了喉咙。

响尾蛇痛苦极了，想吐出角蜥又办不到，因为鳞片穿刺方向与欲吐出的方向正好相反。

最终，这条响尾蛇因流血过多而死去。

角蜥防身最奇特的一招就是喷血。在索诺拉沙漠地区，有许多角蜥的天敌，特别是一些狡猾的猛兽，它们知道角蜥身上武器的厉害，从不先用嘴去咬它，而是用脚爪撕踏角蜥，直到它无法动弹，这才慢慢收拾它。

角蜥也不是善茬儿，看到来者不善，就会使出它的绝招——从眼睛里喷出一串血珠，射在敌害脸上。

"妈呀，这是啥玩意儿？"在敌害发愣的时候，角蜥便趁势逃之夭夭。

用眼睛喷血作为武器，的确不一般。

# 6. 乌贼的"烟幕弹"

在辽阔的大海里，最魔幻的动物应数乌贼和大章鱼。它们长相奇特，像传说中的外星人。据说章鱼很聪明，每个触手上都有智慧，都会思考，如果有一天让章鱼来统治地球，不知道会是什么样子。

"好了，宝贝星儿，别再科幻了。"萌爷爷说，"先不提章鱼，我们去看看乌贼吧。"

乌贼的头上有一对发达的眼睛，嘴巴四周长着 10 条腿，其中 2 条特别长，末端有许多能够吸住物体的突起，叫作吸盘。

有些乌贼的长腕足，既是捕食的工具，也是同敌害搏斗的武器。

乌贼行动敏捷，最快每小时能游 150 千米，有的还会冲出海面，滑翔几十米。

乌贼主要吃鱼、虾和贝类等软体动物。

在茫茫大海里，到处充满了危险，乌贼算不上是强者，当它在海面上自由地做波浪式缓慢运动时，对于那些比它强大的猎食动物来说，它那柔软的身体，真是一道好菜，往往会遭到大鱼的袭击。

　　打得赢就打，打不赢就跑。乌贼深谙此道，并且跑得很有水平。

　　瞧，一只乌贼在拼命逃跑，一条大鲨鱼穷追不舍，眼看就要咬住乌贼了，在这生死存亡的时刻，只见乌贼喷出了一股浓黑的墨液，在水中迅速散成烟雾状，仿佛施放了一颗烟雾弹，使大鲨鱼顿时东西莫辨，不知所措。

　　但是，狡猾的鲨鱼很快就清醒了过来，迅速冲出烟雾阵，直向乌贼追去。

　　乌贼赶紧在水中又吐出一团像是自己的形态的黑色浓液，悬浮在水中，大鲨鱼直冲黑影扑去，就在它触到黑影的时候，黑影突然"爆炸"，在大鲨鱼周围又形成了一层浓浓的黑幕。

　　当情况危急的时候，乌贼还会抬起漏斗口的舌瓣，一连串地喷出能够迅速散开的墨汁，把敌害团团围住。大鲨鱼被弄得晕头转向，只好放弃捕猎。

　　乌贼体内直肠末端生有一

个墨囊，囊的上半部是墨囊腔，是贮备墨汁的容器；下半部是墨腺，它的细胞内充满了黑色的颗粒，衰老的细胞会逐渐破裂，形成墨汁，进入墨囊腔以后，暂时储存起来。

乌贼一般可以连续施放5～6次"烟雾弹"，持续十几分钟。乌贼喷出的墨汁的染色力很强，在5分钟内可将5000升水染黑，而体形巨大的大王乌贼喷出的墨汁，能够把成百米范围内的海水染黑。

乌贼的墨汁里含有麻醉剂，既可麻痹敌害的嗅觉，还可麻醉小鱼和小虾，以便乌贼更好地捕食。

现在我们终于明白了,乌贼喷洒墨汁不只是逃跑的障眼法,更是它捕食的一种武器。

其实，乌贼除了能够喷墨，它还是水中的变色能手。它的体内除了拥有大量的黑色素细胞外，还聚集着数百万个红、黄、蓝等色素细胞，可以在一两秒钟内做出反应，调整体内色素囊的大小，来改变自身的颜色，让身体迅速变成与周围环境一样的颜色，这也是乌贼的另一种障眼法。

除了乌贼外，章鱼和鱿鱼也有这种施放烟幕的本领，它们本来就是亲戚嘛。

乌贼的本领很特别，也很厉害。

# 7. 分身逃命

星儿带着小狗在草地上散步，突然狗狗好像捕捉到了什么小动物！

啊，是一只小蜥蜴。

狗狗把小蜥蜴捉过来扑过去地玩弄。小蜥蜴想逃，可是总也逃不掉。

突然，小蜥蜴一分为二，一段尾巴在地面上拼命地蹦跳。

狗狗的注意力完全被尾巴吸引住了，小蜥蜴趁机赶紧偷偷溜掉，藏进了石缝里。

星儿望着还在地面蹦跳的蜥蜴尾巴："小蜥蜴没尾巴了，好可怜啊！"

萌爷爷说："这是蜥蜴逃避敌害的一种办法。用不了多久它就会长出新的尾巴来，和那条丢掉的尾巴一模一样。"

许多动物都有这种再生的本领。

有人做过试验，将蝾螈的前肢切断以

后，它能够在六个星期内，长出几乎与原来完全相同的前肢。再生是在生物体内生命信息的指令下进行的。

海星是一类栖身海底的无脊椎动物，全世界共有1000多种。海星的体形很怪，没有脑袋，也没有尾巴，整个身体又扁又平，好像一颗颗多角形的星星。海星身体的中央部分叫体盘，从体盘上长出一条条腕，我们常见的海星大多有 5 条腕，但有的却多达 50 条腕。在海星身体向下的一面，正中央有个口，而向上的一面则颜色比较鲜艳，表面长满圆圆的小突起。

海星生活在海底泥沙或岩石缝中，看上去好像永远静止不动，其实它能依靠腕下面的管足缓慢移动，大约每分钟能爬行 5 ～ 8 厘米。海星的每条腕上都有红色的眼点，起着眼睛的作用，能感觉光线。眼点的周围有短小的触手，具有嗅觉作用。当海星遇到螺、贝壳等它喜爱的食物时，触手会立即感觉出来，然后用腕把猎物抓住裹紧，最后才张口去吃。

海星最奇特之处，还在于它具有极强的再生本领。当海星以腕代足在海底运动时，如果腕被石块压住或被天敌咬住，它会自

动断腕，分身逃命。而缺损的腕经过一段时间后，便会重新长出来。

在沿海，渔民养殖的贝类总是被海星偷吃。有些渔民很生气，将捉住的海星大卸八块，丢在海边，他们不知道海星有顽强的再生能力，这使得海星一个变一群，越来越多。

海参的拒敌手段也很特殊。

海参圆筒似的身体上长满肉刺，但肉刺软软的，无法成为御敌的武器。

当海参遇到敌害时，为了能顺利地逃脱，竟采用"苦肉计"，通过身体的急剧收缩，将自己的内脏器官迅速地从肛门抛向敌害，转移敌害的视线。趁敌害惊愕不知所措之机，迅速逃之夭夭。

失去内脏后的海参，由于有高超的再生本领，经过几周时间，便会重新长出内脏。

这些动物能够死而复生的再生本领，的确很厉害。

# 8. 骗你没商量

　　星儿跟着萌爷爷去探险，他们来到渤海湾万顷碧波中的一座古老的孤岛上。这座小岛的面积还不到一平方千米。

　　这可是一座危机四伏的小岛。因为这儿盘踞着数以万计的剧毒蝮蛇，小岛的名字就叫蛇岛。

　　蛇岛原来与大陆相连，在距今1000多万年前，受强烈的造山运动影响，从大陆上断裂分离而成为孤岛。

　　蛇岛上只有一种蛇——蝮蛇。蝮蛇以小鸟为食。鸟儿在天上飞，多么机灵，要捉住小鸟可不是一件容易的事情。

　　可是对于在茫茫大海上飞行的鸟儿，有这么一个绿意盎然的落脚之地是多么珍贵啊！

　　为了能欺骗鸟儿落在身边，蝮蛇身体的颜色可以按场景变化而变化。

　　缠在树上的蛇，灰褐色带着斑点的弯弯曲曲的身体，伪装成干枯的树枝，三角形的尖头微微翘起，长时间地纹丝不动，谁都会以为那是一截枯树枝。

而盘踞在岩石上的蛇体颜色近乎岩石色，并随着岩石伪装成岩石块和岩石缝；蜷曲在草丛中的蛇，则蜷伏成盘状，好似一堆牛粪或干草……

蛇岛蝮蛇就这么静静地等待着，直到鸟儿落在它的攻击范围内，蝮蛇突然以极快的速度一口咬住猎物，注入毒液，然后将不再挣扎的鸟儿慢慢吞下。

据动物学家研究，蛇类身上的色素是由"化学魔术师"酶的催化化学反应产生作用，导致蛇的体色随环境而变化。

"我不喜欢蛇。"星儿说，"我们去寻找更有趣的动物吧。"

在森林里，星儿看到一片倒挂在树上的"枯叶"，当她走近时，"枯叶"突然变成了一只斑斓的蝴蝶，忽的一下飞起来，到另外一棵树的树枝上倒挂起来。

这就是著名的枯叶蝶。它的外表太像一片枯叶了，不仅形状、色彩像枯叶，连叶脉、叶纹、叶面菌斑、腐洞的纹理都模仿得惟妙惟肖。

枯叶蝶

还有善于模仿花朵的红花螳螂。它的幼体身躯呈粉红色，腹部扁平，6只脚两侧有扁扁的很宽的突起物。红花螳螂不动时很像一朵带有非常甜美的蜜的兰花，花瓣清晰可见。许多昆虫一见这种"甜蜜的兰花"，便会毫不犹豫地扑上去，哪知蜜糖没吃成，反倒成了红花螳螂的下饭菜。

红花螳螂长大后，身体的粉红色会变成白色，像一朵百合花，"花蕊"上还点缀着点点棕黄色。它们的天敌——食虫鸟类和蜥蜴会误将它们当成普通的花朵而不去侵犯，那些爱花的昆虫则会自投罗网。

更厉害的是"化装大师"，将自己装扮成令天敌惧怕的凶猛动物。

有的蝶、蛾类幼虫将自己打扮成面目狰狞的蛇类，在胸、背装饰一对似眼睛一样的大圆斑。这对可怕的"大眼睛"不仅有眼眶，还有虹膜和瞳孔。这使它们看上去很像一条小蛇。

当鸟儿来捕食时，它们会昂起头来，像蛇发起进攻时那样不停地摇头晃脑，摆动鼓胀的胸部，将这些见蛇胆寒的鸟儿吓走。

有几种天蛾还会伪装成鸟儿惧怕的大黄蜂。这些天蛾将身躯变得粗壮，上面还"绘"上黑白相间的花纹，眼睛变得大而突出，翅膀变成透明的薄膜状。

它们在花间穿行时，会模仿黄蜂快速振翅的动作，并像黄蜂那样停在空中。

经过这么一打扮，那些鸟儿真以为这些天蛾就是它们惧怕的黄蜂，不敢进犯。

天蛾们便能心安理得地在花间穿梭了。

在动物世界里，伪装和欺骗也是一种生存手段。生命女神的魔法真是让人眼花缭乱。

# 9.动物的警戒色

在生命女神的百宝箱中，萌爷爷和星儿想看啥动物，心愿立刻就能实现。

不好，岩石上盘着一条蛇，鲜红的鳞片闪着金光，蓝色的花纹看上去霸气凶狠。星儿可不想见到它，急忙躲到萌爷爷的身后。

"别怕，它有这么鲜亮的颜色，就是想让我们看见，让我们别去惹它。你别理它就没事。"

与保护色相反，有的动物则有引人注目的警戒色。这些具有警戒色的动物往往有杀敌的非凡本领。为了少一些麻烦，避免敌害的纠缠，这些动物便用警戒色警告敌害：小心！别碰我，我很危险！

在中美洲热带雨林中生活着各种箭毒蛙类。箭毒蛙的皮肤能分泌出剧毒的黏液，当地人用箭毒蛙制成毒箭，箭毒蛙由此得名。

箭毒蛙具有橘红、蓝、金黄等各种梦幻般美丽的色彩。它是在用鲜亮的颜色警示敌害：别招惹我，我是惹不起的！

这些鲜艳的色彩往往能唤起企图侵犯它的动物痛苦或恐怖的回忆，因为它们曾亲眼看见招惹它的同伴因中毒而痛苦地死去。

几乎所有的捕食者都会对箭毒蛙的警告言听计从，敬而远之，即便饥肠辘辘，也不敢对它非礼。

娃娃鱼的近亲蝾螈也有警戒色。它们在陆地上休闲时，仰面朝天，将具有华美色斑的腹部对着天空，警示敌害别影响它们睡觉。

蝾螈之所以这样肆无忌惮，是因为多数蝾螈的耳腺和尾部可以分泌有毒的黏液。这种黏液不仅有毒，还是一种黏合剂。

当蛇与之厮打时，蝾螈会用这种黏合剂封住蛇的嘴巴，使蛇难以张口吞食自己。嘴巴都被封住了，没法吃蝾螈也没法吃别的动物了，只能被活活饿死。你说，它们能不害怕吗？

不少蝴蝶和蛾子也有警戒色。金凤蝶有非常美丽的色彩，鸟儿一看到有这种色彩的蝴蝶，便赶快避开。因为它们尝试过金凤蝶的臭丫腺分泌出的具有恶臭的毒物的滋味。

台湾斑蝶幼虫摄食萝藦科及桑科植物，并将植物有毒成分累积在体内，成为对抗捕食敌害的一种武器。而这种含有毒性成分的昆虫，都有漂亮的色彩，用以警告鸟儿：我有毒，不能吃！

用鲜艳的色彩事先警告，避免双方都遭受伤害，这是在生物进化的过程中，生命女神赐予一些动物的特别武器。

动物这种精灵

# 五、谁最奇特

生命女神的百宝箱中有一个神奇的动物王国，萌爷爷和星儿进去就不想出来了，因为他们还没有找到最奇特的动物。

# 1.飞翔的哺乳动物

夕阳西下，一座高高的木塔下飞出许多动物。它们在天地间飞上飞下，动作十分敏捷。

"这些是什么鸟呀？"星儿指着天空问。

"这些不是鸟，是飞翔的哺乳动物蝙蝠。瞧它们那奇特的飞行，那是在抓小虫子吃呢。"萌爷爷说。

"它们长着翅膀却不是鸟儿？真奇怪。"星儿说。

这时候，从空中飞下来一只小蝙蝠，它倒挂在星儿前面的树枝上。

"哦，仔细看看它们的翅膀吧，和鸟儿的翅膀根本不一样。瞧，它们的前肢特别长，它们

的翅膀，其实就是生长在前肢指骨间的翼膜。这翼膜又轻又薄，特别适合飞行，一点儿也不比鸟儿的翅膀差。"萌爷爷讲道。

蝙蝠快速飞行却碰不到物体，并且能够捉住飞舞的小虫子，并不是因为有好的视力，而是全靠它们的大耳朵。它们在飞行的时候，不断发出一种超声波，超声波只要遇到障碍物，就会立即反射回来，它们就是根据这种回声来判断，前方是有障碍还是通行无阻，或者是有没有飞行着的小虫子可以当食物。

蝙蝠喜欢住在树洞、岩洞、屋檐下，以及光线暗淡的山洞里。它们用后爪将身体吊在空中休息、睡觉，觉得那样最舒服。黄昏的时候，蝙蝠开始捕食蚊子、蛾子等昆虫。一只蝙蝠一夜可以吃掉 3000～4000 只蚊子。蝙蝠是人类的朋友，人类需要蝙蝠来消灭传播疟疾的蚊子。

星儿最讨厌蚊子了："蝙蝠真是人类的好朋友。谢谢你们吃掉那么多可恶的蚊子。"

# 2. 神秘的"吸血鬼"

"哼，尽挑好听的说。"一直在星儿身边吃草的一头毛驴闷声闷气地说。

"什么意思？"星儿问。

"它们蝙蝠中，有专吃水果的果蝠，还有'吸血鬼'毛腿蝠，怎么不说了呢？这还不是专挑好听的说吗？"

"'吸血鬼'？我喜欢听恐怖故事。快给我们讲讲'吸血鬼'的故事好吗？"星儿说。

"吸血鬼"毛腿蝠生活在南美洲的北部，成群居住在山洞的顶壁上。毛腿蝠完全靠吸食动物和人的血为生。

夜晚，农场主把家畜拴起来，以免走失，这是牲畜最倒霉的时候啦。

"吸血鬼"毛腿蝠悄悄地飞来，先在牲畜头上盘旋，然后落在离猎物不远的地方，慢慢地接近它们。

当"吸血鬼"落到猎物，比如是一匹马身上后，一开始，马很讨厌它，又踢又跳，可是"吸血鬼"却对马儿又闻又舔。

马儿慢慢安静下来，看起来它被舔得很舒服。原来，毛腿蝠的唾液中含有麻醉剂。

吸血蝙蝠用它那长长的牙齿，先把它选择的部位上的毛咬掉，再浅浅地咬一口。

马儿知道自己被咬了，可能因为唾液的麻醉作用，它并不感觉很痛。

又过了几秒钟，毛腿蝠再咬进去，马儿这时候就不会有什么感觉了。

毛腿蝠的唾液中含有一种抗凝剂，在吸血的过程中使血液不会凝结。

马儿的伤口虽然不大，但出血量可能很大。准确地说，毛腿蝠不是在吸血，而是在舔血。

它舔血的过程长达 40 多分钟，直到再也吃不下了，才飞回栖息地。

像马匹这样的大动物，如果只是几只毛腿蝠攻击它，还不会因为失血过多而受到伤害，但如果不幸成了一群毛腿蝠的猎物，那就必死无疑了。

萌爷爷和星儿都听呆了，可是他们相信毛驴说的话是真实的，因为在生命女神百宝箱中的动物都不一般。

# 3. 世界之最

"世界上最大的动物是什么？我想去看看。"星儿刚这么一想，眨眼间，就已经和萌爷爷来到了大海边。

生命女神的百宝箱可真奇妙。

"好大的鱼呀！"星儿惊呼。

"不！那是蓝鲸，不是鱼，是哺乳动物。它就是世界上最大的动物。瞧，它游过来了！"萌爷爷说。

只见蓝鲸摆动着比一个篮球场还大的身躯游了过来。它那一对扁平宽大的尾鳍，既是前进的动力，也是控制身体起伏的升降舵。

见有客人到来，蓝鲸拿出了看家本领。它拍打着大尾巴跃出水面，在海面上激起冲天巨浪。接着，又用头顶上的两个大鼻孔，向空中喷射出高达 10 米左右的大喷泉。阳光下，高高的喷泉映出了一道美丽的彩虹。太美妙了！星儿高兴得又蹦又跳。

蓝鲸体形巨大，是世界上最庞大的动物，有 30 多米长，100 多吨重，一张口就可以容 10 个成年人自由进出。

母鲸怀胎一年后才能生下小鲸。蓝鲸生下的宝宝也大得惊

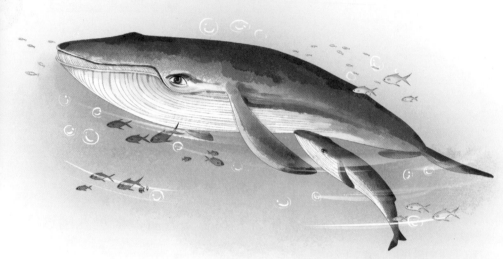

人，刚出娘胎就有 7 吨重，相当于一辆大卡车的重量。蓝鲸妈妈有一对乳房，哺乳时妈妈横躺在海面上，小鲸鱼趴在妈妈胸前吮吸着甘甜的乳汁，一昼夜体重就会增长 100 千克。

幼鲸经过 7 个月哺乳后，体重达到 23 吨左右，体长约 16 米，从此时开始，它便学着吞食各种浮游生物。小蓝鲸在未成年之前会时刻跟随在妈妈身边，避免遭受大鲨鱼的攻击。妈妈会教给小蓝鲸各种捕食本领，比如与鲸家族成员一起协同作战捕食沙丁鱼。

小蓝鲸要长到 5 岁以后才算成年。

蓝鲸的寿命约为 20 ～ 30 年。

蓝鲸虽然体形巨大，却专吃小鱼小虾。它的嘴里没有牙齿，长有许多梳子般的鲸须。当它觅食时，张开大嘴巴，让海水和许多小鱼小虾一起涌入口中，然后再闭上嘴由鲸须筛滤。结果，海水流出嘴外，而鱼虾却被鲸须留在嘴里。

蓝鲸的胃口极大，每天要吞食 4 ～ 5 吨小鱼小虾。如果它肚子里的食物少于 2 吨，就会饿得发慌，所以它好像永远吃不饱似的。蓝鲸常常会潜入水下三四十米搜寻食物。

蓝鲸和人类一样，用肺呼吸。由于长时间待在水中，每次浮上海面换气时，都会从鼻孔内喷射出高达 10 米左右的水柱，远远望去，宛如一股喷泉。

这么巨大的蓝鲸，它凶残吗？

其实蓝鲸很温顺。鲸类是智商最高、最聪明的动物之一。我们熟悉的海豚就是鲸鱼家族的成员。

现在蓝鲸已经非常稀少，因为鲸鱼全身都是宝，一些贪婪的人总是开着捕鲸船捕杀它们。

我们该怎样做才能保护蓝鲸呢？萌爷爷和星儿都陷入了沉思。

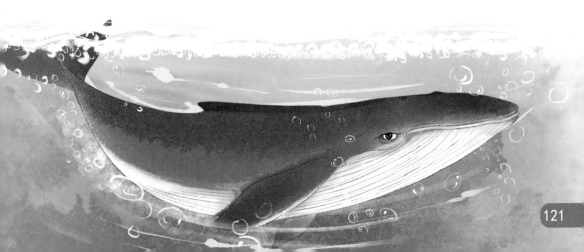

# 4. 古老的珍稀动物

在生命女神的百宝箱里行走，星儿和萌爷爷一下子就来到了四川西北部高原。这里漫山遍野生长着细小而茂密的竹子——箭竹，是野生大熊猫的主要食物。

"瞧，这就是大熊猫的窝。"萌爷爷指着一个像大竹篮子一样的东西说。

大熊猫是游荡性动物，一般没有固定的家，哪里有吃的，它就在哪里游荡。

为什么说大熊猫是现代活着的化石？

因为大熊猫是很古老的动物，与它同时代的动物，如猛犸象、剑齿虎等，早就灭绝了。人们通过对大熊猫的研究，可以进一步了解 800 万年前的动物的一些特性。

古时候，大熊猫生活的区域很大，广泛地分布在长江流域和东南亚一带。后来随着气候变化，青藏高原的不断抬升，大熊猫的生活区域越来越小，现

在野生大熊猫主要生活在青藏高原向成都平原过渡带，海拔高度 2000～3000 米的高山峡谷中。也许正是由于这里的高山峡谷气候的复杂和多样，才成为大熊猫生存下来的避难所。

大熊猫原来是食肉动物，现在生理上还保持着许多古老的特性，如：消化系统简单，食量很大，吸收量很小。

又是生命女神的魔法，使得大熊猫在进化过程中由食肉为主，改成了以吃竹子为主的素食动物。竹子的营养不够啊，因此，野生大熊猫一天到晚大部分时间都得不停地吃啊吃。大熊猫最爱吃竹笋啦，竹笋甜嫩，营养丰富，它们

会跟随竹笋的生长速度，从山下吃到山上。

为什么说大熊猫是珍稀动物呢？

因为大熊猫很萌啊。许多人都喜欢它。然而野生大熊猫已经很少了，大约有1000只。它们不但数量少，繁殖能力也很低。

在野外，大熊猫每胎生1～2只，但最多只能成活一只。

因为如果生下两只宝宝，大熊猫妈妈养育其中的一只，另一只就顾不得了。

刚生下的大熊猫幼仔只有100克左右。大熊猫母体与幼崽的比重，在胎生动物中是最大的。成年大熊猫有80～150千克重，生下的宝宝却只比鸡蛋大一点点，像个粉红色的小肉团，全身无毛，眼睛紧闭。

要把这么小的宝宝养活，大熊猫妈妈付出的精力是巨大的。它需要日夜把宝宝抱在怀里，无论吃饭睡觉，无论走到哪里，干什么事情，都不敢放下片刻。

就算这般仔细，有时候还会出现意外，比如大熊猫妈妈在睡觉时，不小心把宝宝压死的情况就时有发生。

"大熊猫真笨。"星儿生气地说。

其实，大熊猫一点儿都不笨，它是游泳和爬树的高手呢，大熊猫发威时也是很凶狠的。野外生活的大熊猫的天敌是豹子，其他的野生动物对它都构不成威胁。

明白了吧？要保护大熊猫，首先要保护好它的生存环境。

# 5.会生蛋的哺乳动物

在生命女神的百宝箱里，星儿想见哪种动物，很快就可以见到。

"我想见一种特别的动物。"星儿对着森林大声说。

"瞧，那边是什么？"萌爷爷指着一只奇怪的动物说。

只见它身体扁平，长着浓密的深棕色的短毛，嘴巴的形状与鸭子像极了。它的脚趾中间还有像鸭子那样的蹼。

"是鸭子。"星儿说。

"不！它身上长的不是羽毛。你需要观察得更仔细些！"

"瞧，它生蛋了。肯定是鸭子！"星儿说。

"它才不是鸭子呢，它是鸭嘴兽。"萌爷爷说。

星儿仔细观察着趴

在岸边的鸭嘴兽。

爷爷告诉星儿，鸭嘴兽是原始的哺乳动物。它们的同类在很久以前就灭绝了，它们之所以能幸存下来，是因为它们的大脑比较发达，自我防卫本领高。

鸭嘴兽有蹼的脚像桨，又扁又宽的尾巴像舵，在水里像鱼儿一样灵活，高超的潜水和游泳本领能帮助它们躲避敌害。另外，它们的爪子上有毒，敌人不敢贸然侵犯。

再加上，它们生活在澳大利亚东部，气候温暖潮湿，小鱼、小虫、贝壳等食物丰富，凶猛的天敌很少，所以它们才能繁衍到今天。

鸭嘴兽虽然是哺乳动物，可是雌性鸭嘴兽却没有乳房和乳头，只有乳腺。乳汁只能像出汗那样从肚皮上分泌出来。喂奶时，它们只能仰面朝天，让幼崽趴在它们的肚子上舔吸。

"真有趣！"星儿都听呆了。

"鸭嘴兽的宝宝估计要出壳了，它得去照料宝宝们啦。"萌爷爷说道。

果然，鸭嘴兽钻进了深深的洞中。

# 6. 杜鹃 "托儿"

生命女神的百宝箱里，有趣的动物可多了。

瞧，杜鹃飞过来了，还唱着美妙动听的歌呢："布谷，布谷，豌豆苞谷！"它告诉农民们现在可以种豆种玉米啦。

杜鹃是吃害虫的能手，鸣叫声悦耳动听。可是，杜鹃从来不自己养育后代，而是"托"给别的鸟去抚养，雌杜鹃则轻松地当上了母亲。

在产蛋之前，雌杜鹃就事先找好云雀或黄莺的巢，趁主人不在家时，悄悄把蛋生在人家的巢里，临走时还把人家的蛋衔走。

鸟巢主人回来后，不知道家里发生的大事，还以为这些蛋全是自己的呢，就一心一意地孵化起来。

这也不能怪云雀或黄莺太粗心，因为雌杜鹃的骗术很高明，它可以把

自己的蛋生得和它要抢占的窝里的蛋一模一样，就连花纹、大小、颜色、斑点都分毫不差。

小杜鹃一出壳就拼命抢吃的，往往比它养母的孩子还要长得快、长得大。

它会趁养母出去找食的时候，把比自己弱小的弟妹推出窝外摔死，这样，养母就能一心一意地抚育小杜鹃。

小杜鹃很快就长得比养母身体还大了，可在它还不会飞翔之前，养母会一直辛苦地给它带回小虫子喂食。

等它羽毛丰满时，拍拍翅膀，唱着"布谷布谷"的歌儿就飞走了，永远也不会再回来看看了。

"杜鹃是骗子，是坏妈妈！"充满正义感的星儿说。

"同意，我举双手同意！杜鹃不是好妈妈。"萌爷爷与星儿是一伙儿的。

# 7. 女儿国里的"小丈夫"

生命女神又将百宝箱藏起来了,藏匿到了大海里。她忘记了,萌爷爷和星儿还在百宝箱里游荡呢。

萌爷爷和星儿来到大海深处,海面上透过来的亮光已经被海水阻挡得差不多了,四处非常昏暗。萌爷爷和星儿随百宝箱继续往海底沉去,海底更加昏暗,突然四周亮起了一盏盏小灯,星星点点。

这星星点点的小灯好有趣呀,星儿跟着一条小鱼向一盏小灯靠近。突然,一张恐怖的大嘴一开一合,小鱼便不知所踪,唯剩那点儿光亮依旧摇曳。到底是谁,让小鱼消失不见了?

星儿仔细观察,发现面前有一条相貌狰狞的大鱼,它叫鮟鱇鱼。它有一张又扁又宽的大嘴,里面长满一根根尖锐、剃刀般锋利的牙齿。它的大嘴拥有令人惊异的开合能力和巨大的吸力,上下颚有着巨大的咬合力量。

更恐惧的是这张大嘴后面连着的是一个橡皮口袋般的大胃,使鮟鱇鱼可以肆无忌惮地吞下比自己还要大的猎物。

不少小鱼凭借极快的反应速度可以逃过被长牙穿刺的厄运,但却逃不过鮟鱇鱼张嘴吞食猎物时极大的吸力,只好心不甘情不愿地被吸入大嘴中。

鮟鱇鱼下颚长有 1～2 排朝喉咙处倒伏的尖牙，一旦大嘴合拢，这些尖牙就会变为带刺的荆棘，牢牢把守"大门"，令猎物逃生不能。

它的身体的前半部呈圆盘状，像一个扁平的UFO，服服帖帖地趴在海底。圆盘的末端左右各侧生一条臂鳍，尾部呈柱状，末端生尾鳍。鮟鱇鱼不太会游泳，在水里主要靠两条臂鳍撑地爬行，通过摆动尾鳍来调节前进方向。

它身上没有鱼鳞，却长满了大大小小的肉疙瘩，很像癞蛤蟆，难怪它的名字又叫蛤蟆鱼。这么凶险狡猾丑陋的家伙，也许叫它魔鬼鱼更为适合。

鮟鱇鱼的绝招就是脑部——宽大的唇额之间，有一根"钓竿"，"钓竿"前端不时发出星星般的闪光。好光的小鱼们压根儿就没思量它葫芦里卖的是什么药，纷至沓来，围着亮点活泼地嬉戏，而鮟鱇鱼则从从容容就会将这些鱼儿填满它的肚子。

生命女神啊，你造就的鮟鱇鱼还有什么惊人之处呢？

当鮟鱇鱼不断被人类捕获上来时，令人困惑的是，这些鱼只见雌性，不见雄性。常识告诉人们，没有雄性的鱼类是不可能生儿育女、繁殖后代的。

经过细致观察，科学家对巨大雌鱼背上附着的一个个小不点儿产生了兴趣。最后惊奇地发现，这些小不点儿竟是雌鮟鱇鱼的丈夫。

小小的雄鮟鱇鱼在深海中漫游，遇到雌鮟鱇鱼时，便立即叮吸住雌鱼的肉体，与它完全结合在一起。

这是一种水乳交融式的彻底结合，雄鱼和雌鱼血脉相通，雄鱼从雌鱼身体内获得氧气和营养物质，躺在妻子的"怀里"，过着无忧无虑的生活，最后雄鱼没有了眼睛，连消化系统都不需要了。

雄鮟鱇鱼虽然几乎没有什么像样的器官，却有一对发育完善的能产生精子的睾丸。其实，雌鮟鱇鱼养活雄性寄生者的唯

一目的就是要得到它的精液，使自己成为一个两性同体者，能够繁育后代。

一条雌鮟鱇鱼有多至6条以上的小丈夫，这样，它就不必担心在黑暗的深渊中找不到配偶，而且还能随心所欲地在任何时间、任何地点进行交配。

虽然是两性同体，但由于精子是来自不同的父亲，这样的基因组合确保了遗传基因来源的多样性，让产生的后代充满了活力。

万能的生命女神啊，你造就的"女儿国"彻底颠覆了人类的想象力，而这种生儿育女的方式又是多么奇妙！

# 8. 多"手"的蜘蛛猴

　　萌爷爷和星儿还在寻找最奇特的动物。星儿最喜欢猴子啦，因为她属猴呀。萌爷爷说星儿是五月的小猴子，有吃不完的好果子。星儿一心要寻找奇特的猴子。

　　他们来到了南美洲热带森林，这儿生活着一种奇特的猴——蜘蛛猴。它身体很细，四肢和尾巴却很长，行动非常敏捷，那颀长轻盈的身子常常在树枝间来回跳跃、游荡。

　　蜘蛛猴最奇特之处就是它的尾巴。它的尾巴长度不仅超过了自己细长的四肢，而且实际上起了另一只"手"的作用。蜘蛛猴的尾巴末端，有20厘米长，是光秃秃无毛的，上面有一道道的皱褶，像胶鞋上的花纹那样，能够增加摩擦力，而且感觉灵敏，行动自如。

　　这条尾巴好像永远停不下来似的，时而盘卷尾尖，时而散开。当蜘蛛猴向前攀行的时候，尾巴就会跟着一只前肢先抓住一根树枝或一条藤蔓，飘荡过去，蹿到另一棵树上，从不失手。

　　蜘蛛猴的跳跃能力相当强，一般能越过10多米的距离。在行动的灵敏度方面，只有长臂猿才是它的对手。

　　蜘蛛猴的尾巴具有多种功能。它可以像手一样灵活地采摘

或拾取食物。当前肢攀缘不及时，它就伸出尾巴去摘取。它的尾巴有探索物体的敏感性，可以捡起花生米一样大小的东西。

在悠闲的时候，蜘蛛猴用长尾缠绕，把身体稳稳地悬挂在树枝上，四肢并用进餐。休息时，它也常常倒挂着睡觉，即使睡着了，尾巴也不会松开。

在跳跃游荡的时候，蜘蛛猴向后伸直尾巴，纵身一跃，尾巴起着平衡作用，顺利前往。蜘蛛猴依靠长而有力的尾巴相助，还能够直立地紧紧抱住树干。它的前肢没有拇指，缺少对握的能力，在林间攀荡前进，凌空悬吊，反而没有尾巴灵活。

母猴用尾巴当作手臂，环抱自己的孩子。有时，母猴也把幼仔背在身上，东跳西跃。幼仔为了安全，也常将自己的尾巴缠绕在母猴的尾巴根上。

生物学家把有这种奇异功能的尾巴叫作"第五只手"。科学家还发现，这第五只"手"还有调节蜘蛛猴体温的"特异功能"。

星儿认定了：这蜘蛛猴就是她要寻找的奇特的猴子。

远处，一阵响亮的吼声传了过来。

# 9. 叫声如雷的吼猴

萌爷爷和星儿循声走去。

在南美洲的森林中，生活着一种体形很大的猴子，体长 60 多厘米，尾巴倒有 1 米多长。全身披着褐红色浓密的长毛，随着光线的明暗和阳光照射的角度，毛色还会变换不同的色彩。

这种猴子最奇特之处还是它会发出雷鸣般的叫声，因此被称为吼猴。

每当夜幕降临，吼猴居住的森林中便会传出此起彼伏、令人恐怖的吼叫声。这种叫声异常巨大，震撼四野，可清楚传送到 1.5 千米以外。

吼猴的脖子很粗，口腔和下腭也特别大。它之所以能发出巨大的吼声，是因为它的喉咙里有一块特殊的舌骨，能够形成一种回声器。

吼猴的食性很广，果子、树叶、昆虫都是它们爱吃的佳肴。

吼猴一般都有自己的领地，常常是十几只群居在密林的树冠上，由一只强壮的雄猴率领并承担防卫任务。

母猴专管生儿育女。

仔猴一般和父母一起生活到性成熟，然后独闯天下，成家立业。

在吼猴的团体里，生活非常融洽，有时候它们也会相互吼叫几声，但一般不会发生争斗。

如果遇到敌害或异族入侵它们的领地，吼猴们便会齐声吼叫，那震撼四野的吼声，通常都会将敌害吓走。

当它们需要相互联络、高兴激动的时候，也会发出巨大的吼声。

不错，吼猴也有奇特之处，但星儿还是更喜欢蜘蛛猴。

微信扫码

百科小常识
趣味测一测
科普小课堂
故事广播站

# 10. 会爬树的鱼

"鱼儿鱼儿水中游，游来游去乐悠悠……"星儿快乐地唱着儿歌。

"鱼儿鱼儿爬上树，晒晒太阳乐悠悠。"萌爷爷接着唱道。

萌爷爷太搞笑了，哪有鱼儿爬上树的道理？

有啊，在生命女神的百宝箱里，稀奇有趣的事情多着呢。

在印度、缅甸、菲律宾和中国南方的河流湖泊中，旱季河水快要干涸的时候，有一种攀鲈鱼就离开了水，用鳃盖上的钩刺顶着地面，依靠胸鳍和尾巴慢慢爬行，甚至爬到了树上，因此人们又叫它爬树鱼。

攀鲈鱼体长10多厘米，通体青褐色，有不规则的黑点，头大尾小，背鳍和臀鳍延伸很长，鳍棘发达。它在陆地上爬行的姿态很有趣，用尾鳍推动向前，寻觅食物。

攀鲈鱼离开水面能够生活，是由于它的鳃旁附生着两个腔室，里面分布着许多微血管，空气从腔室吸进来，再经过微血管壁通到血液中，起着特殊的辅助呼吸作用。

攀鲈鱼虽然是鱼类，可是它在陆地上的时间反而比在水中的时间长，因为水中的氧气不能满足它的需要。如果它一直待在水中，就会死去。每当河水干涸的时候，它常常潜伏在泥土中，直到河水再来。

有位动物学家在清理花园中的小池塘时发现了一条攀鲈鱼，随即把它捉住，打算将这条攀鲈鱼放生到附近的一条河流中去。途中想起了一件急事，便将装了这条鱼的筐子放置在了小河边附近。

没想到的是，这条鱼竟然从筐子中爬出来，而且，与预料的逃入河流中截然相反，这条鱼竟然朝自己住习惯了的小池塘方向爬去。

首先，它横穿了一片草地，当它到达花园之后，继续跋涉转了个弯，顽强地穿越了花台，最后成功地回归到那个小池塘里。

这段崎岖的归家之路长约100米，它用了大概30分钟。动物学家记录下了这一切。

在中国和印度尼西亚等国的海岸边，也有一种会爬树的弹涂鱼。退潮时，它们会在沙滩上的红树根间跳动，匍匐爬行，甚至爬上红树根，爬到了高出水面的石头上去晒太阳。

弹涂鱼又叫跳跳鱼、泥鱼，它在滩涂上一跳就可以跃出一米远。这种鱼必须周期性地来到陆地上，否则就会死去。

鱼儿离开水也能活，的确很奇特。

但是，谁是最奇特的动物呢？生命女神也被弄糊涂了。也许生命女神在创造生命的时候，给每种生命都赋予了神奇的力量，就像每位小朋友都拥有属于自己的神奇力量一样。

生命女神的百宝箱合上了。

四周静悄悄……

动物这种精灵

# 六、宠物主人的荣耀

悄悄地告诉你：生命女神也有宠物。她最爱的宠物是一只花猫。生命女神喜欢收集宠物的故事，她将一些好听的故事也藏在了百宝箱中。

# 1. 完美的旅伴

❧

生命女神在故事的首页上写道：一位孤独的行者，遇见另一位孤独的行者……

阿健爱好旅行，经常背着行囊翻山越岭，独自在大自然中行走。有人问阿健，为什么不约个伴儿呢？这样旅途就不会寂寞，有个人说话，也可以互相照应。

阿健回答道："找个人喝酒容易，聊天也不难，但是能一起去旅行的人很难找啊。我经常会望着一座雪山呆坐几个小时，对着一个漩涡发呆好长时间，有时候脑子里一片空白，什么都不想，这样待着的感觉很舒服。"

这天，阿健从成都出发，骑着他心爱的山地自行车，沿着涪江逆流而上。他这次想去拜访四姑娘山。

累了，阿健便坐在公路边的一块大石头上休息。不远处一只小狗望着他，阿健对小狗吹了声口哨，扔给它一截火腿肠。

小狗显然是饿了，一口就把火腿肠咽到肚子里，然后又可怜巴巴地望着阿健。

"还想要啊？你可是从我的口中夺粮哦。"

阿健掰了一块面包扔给小狗。

小狗很快又把面包咽下了肚子。

"你也吃饱了，咱们各奔东西吧。"阿健朝小狗挥挥手，"拜拜！"骑着自行车上路了。

想不到的事情发生了：也许小狗认定了想让阿健当他的主人，竟跟着自行车跑了起来。

"快回你家去！"阿健停下车对小狗扬了扬手。

小狗也停下来，眼巴巴地看着阿健，好像在说："我没有家。"

阿健骑车前行，小狗也跟着跑步前行；阿健停下来，小狗也停下来。

阿健拼命快骑，心想：小狗，看你还追得上我不？

晚上，阿健住进了一家青年旅社。第二天早上，当他推开门准备出发时，眼前的一幕让他惊呆了：小狗竟然正在屋檐下趴着休息。

看到阿健，小狗站起来摇了摇尾巴。

阿健蹲下身，抚摸着小狗，感动得眼泪都快流出来了。

昨天他骑行了 80 多千米，老早就把小狗远远甩到了后面，没想到小狗竟然追到了这里。

阿健赶紧给小狗弄了一些吃的。"看来我是甩不掉

你了，你愿意跟就跟着吧。有我吃的，也就有你的。"

这一路，阿健终于有了一个完美的伴侣。他坐下来静观远山的时候，小狗也默默地坐在他的身边。有时候，他们也在草地上奔跑嬉戏。小狗跑累的时候，他也会用自行车驮它一段。

这天，他们经过卧龙自然保护区，在一个山崖上，欣赏远处的四姑娘山，云团奔腾，雪山朦胧，仿佛仙女翩翩而至。阿健手举照相机不断地拍照，一不小心，滑下了悬崖。

小狗一路小跑绕到悬崖下面，阿健跌得很重，昏迷了。小狗舔着阿健的脸，一直守在他身边。

当阿健苏醒过来后，感觉浑身疼痛，已经没法行动了，他想到了求救，可是手机还在悬崖上面的背包里。

阿健指着崖顶对小狗说："去把我的背包拿来。"小狗望着阿健。阿健又比画了一个打电话的手势："我要打电话找人来帮忙。去，把我的背包拿来。"

聪明的小狗顿时明白了阿健的意思，它跑上崖顶，把阿健的背包拖了过来。阿健用手机向卧龙自然保护区求救。

阿健获救了，他非常感谢这只一路追随他的流浪狗。不过，它已经不再是流浪狗了，阿健是它可靠的主人和伙伴，小狗也有了自己的名字——"得福"。

这正是，孤独的行者，遇见了另一位孤独的行者，于是，他们组成了最好的旅伴。

# 2. 一诺千金

生命女神在故事的首页写着：万物皆有灵。诚实守信实际上是在对待自己的心灵。

鱼儿是一位聪明善良的女孩。这天中午，她正在家里看书，突然听到了猫的叫声，鱼儿还以为是谁家的猫跑出来了，也没在意。

可是这只猫一直不停地叫，让鱼儿实在坐不住了，她起身出去察看，可是什么都没有看到。

回到家里想继续看书，无奈，猫的叫声越来越凄厉。

这猫一定是遇到困难了，需要得到帮助，没准是被困在什么地方了。鱼儿想到这里，就找来梯子，爬上屋顶。

怪了，连猫的影子都没看到，可是猫的叫声却更清晰了。

鱼儿寻声而去，来到烟道旁边："喂，你在里面吗？"

"喵喵"的声音果真是从烟道里传出来的。

鱼儿掀开烟道顶端的盖瓦，啊，一只猫咪被卡在了里面。

鱼儿伸手去救猫，可是烟道太长，够不到猫咪。

"喵……喵……"凄厉的叫声更急切了。

"别急，让我想想办法，一定会救你出来。"鱼儿柔声说道。

"喵喵"的叫声平息了许多。

猫咪都会爬树。鱼儿想着，便找来一根竹竿，伸进了烟道。

"小猫，勇敢些，顺着竿子爬上来。"

猫咪明白了，抓住竹竿就往上爬。也许是竹竿太细太滑，小猫爬到一半，不好！"叭"的一声又摔到了下面。

时间突然凝固了，四周一片寂静。

糟糕，猫咪不会被摔死吧？莫不是救猫不成反害猫！

"喵，喵……"烟道里又传来猫叫声。

鱼儿的心一下跌回到肚里。

"我得想个更好的办法！"鱼儿用绳子把三根竹竿捆在一起，慢慢伸入烟道。

"小猫，加油。我只能帮你到这里了，一切就看你的本事了。"

完美，小猫抓住竿子，很快就爬了出来。这是一只真正的小花猫，全身脏兮兮的，看不出原来是什么颜色。

小脏猫感激地蹭了蹭鱼儿的裤腿儿，接着还在地上打了个滚儿。

鱼儿蹲下身子轻轻地摸了摸小猫的头。小猫往地上一躺，露出了原本可能是白毛的肚皮，嘴里发出了轻微的"呼呼"声。

鱼儿明白，动物只会把肚皮露给最信任的伙伴。信任难道不是最珍贵的报答和感谢吗？这份礼物鱼儿开心地收下了。

鱼儿温和地拍拍猫咪的头："好了，现在你安全了，回家去吧。"

鱼儿转身往回走，猫咪紧跟着她的脚步，好像在说："我没有家，你收留我吧。"

"这样吧，如果明天这个时候，我们还能在这儿相遇，我就收养你。"鱼儿又摸了一下猫咪的脑袋。

猫咪好像是听懂了，没有再紧跟着鱼儿。

鱼儿回家关上门，安静地看书，感觉这件事情已经过去了。

第二天中午很快就到了。这时，屋外又响起了"喵喵"的叫声。天啊，我没听错吧，它居然听懂了我的话，来赴约了？鱼儿赶紧开门去确认。

没错，有只漂亮的小花猫居然坐在屋顶上面。

花猫看到鱼儿，马上从屋顶跳下来，蹭着鱼儿的腿"喵喵"叫，就好像在说："你不是说要收养我吗？我准时来了！"

这时鱼儿反倒是惊慌了：这哪里是猫咪？分明是一个小妖精！没救了，我被它黏上了。

鱼儿从来没有养过猫。可这时候她也不好再犹豫，因为人不能说话不算数呀，一诺千金呢。

鱼儿把门打开："请进。以后就叫你小妖精吧。"

一诺千金，绝不食言。鱼儿从此成了小妖精的主人。

# 3. 猫狗的误会

生命女神写在首页的文字：有些误会解除了，有些误会却属于永远。

萌爷爷家有一只聪明的狗狗叫辛巴，还有一只高冷的猫咪叫公主。

辛巴和公主从小生活在一起，像一对亲兄妹。它们经常打打闹闹玩游戏，玩累了就靠在一起休息，有好吃的常常是辛巴让公主先挑，剩下啥辛巴吃啥，反正辛巴吃啥都香。

有一次公主偷偷跑出家，也许是贪玩，很晚了还没回来。是辛巴带着萌爷爷找到了公主，当时它被困在一棵大树上，树下有一只大狗望着它汪汪叫。

公主被吓坏了，平常在家里它哪里受过这般委屈？凡事都是辛巴让着它。

萌爷爷和辛巴救下公主后，萌爷爷就在思考一个问题：在生活中，人们常见的都是猫狗不和，狗追猫逃的场面。这是为什么呢？难道它们真是天生的冤家？

可是自己家中的辛巴和公主却是一对亲密无间的朋友，这说明它们不是天生的冤家对头。

萌爷爷决定对这个问题进行探究，揭开狗猫不和之谜。

为了进行实验，萌爷爷找来一条叫阿福的长毛狗和一只叫吉娃的短毛公猫。这一狗一猫都是1岁左右，它们从生下来便各自生活在自己的同类中，彼此从未见过面。

实验开始了，它们被关在同一间宽敞的实验房里。消除了陌生感并经过一段时间的适应以后，猫和狗彼此都产生了"要和对方一起玩"的意向。

但是，接踵而来的却是一串后果严重的误会。

阿福为了表达它要和吉娃一起玩的意图，伸出了一只前爪，使劲地摇动尾巴，这完全是出于狗的传统习惯。它的含意是"给我一点儿吃的"或"跟我一起玩玩吧"。

可在猫的语言中，含意恰恰相反，伸出爪子摇动尾巴的意思是："滚开！要不我用爪子抓你。"因此，吉娃立即对阿福充满了戒备心。

看来，问题完全是猫言狗语互译过程中的误解。

可是这对可怜的动物又怎么会知道呢？

过了一会儿，吉娃消除了戒备心，想主动找阿福玩玩。

猫的这种意图是通过发出一种舒适的"呼噜"声来表达的。

但对于狗来说，这却是一种威胁性的信息，等于"别来惹我，否则我会咬你"。

这一回是猫语言的含意与狗的理解大相径庭了。

尽管这一猫一狗都有友好相处的愿望，却由于语言的隔阂，一切努力都落空了。

萌爷爷再用其他的狗和猫进行反复实验，结果都表明，猫狗之间没有丝毫天生的怨仇，它们根本不是宿敌。只是由于猫狗语言不同，在翻译过程中不断地加深误会，才使得它们采取了一种互相敌视的态度。

而萌爷爷家的辛巴和公主，它们虽然也有自己天生的语言，但因从小就在一起饲养，朝夕相处，能互相理解对方，误会也就自然解除了。

这说明，有些误会可以解除，有些误会却属于永远。

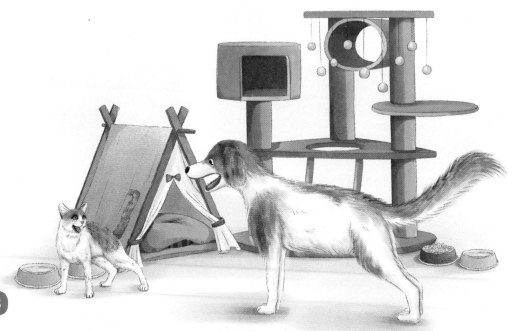

# 4. 爱犬救主

生命女神的首页题字：你救了我，我要用生命来保护你。

1986 年，美国佛罗里达州授予猎犬大王"英雄奖"，以表彰它在一次大火中勇救珍妮一家的壮举。

奖品是一条镀金项链、一根皮带和 1000 美元购物券。

12 岁的珍妮和她的父亲、母亲带着他们一家的"恩人"，专程乘飞机去佛罗里达州领奖。

大王原本是一条四处流浪的猎犬。有一次，这条丧家之犬因为偷农场的鸡，被农场主人追赶，头部中了一枪，倒在地上，无力再逃，只有默默地等待死神降临。

珍妮发现了这条奄奄一息的猎犬。女孩与猎犬对望时，看到狗的眼睛里流出了泪水。善良的女孩觉得这条伤狗太可怜了，她想要救它。

珍妮叫来爸爸妈妈，一家人把伤狗抬回家，在珍妮的细心照料下，猎犬逐渐康复，变成了一条威猛健壮的猎犬。珍妮一家早就把这条从死神手中抢救回来的猎犬当成家人了，给它取名大王。

就在珍妮家失火那天，大王还得到了一份与每位家庭成员一样的圣诞节午餐——烤火鸡。

圣诞节那天晚上，珍妮一家人在度过了快乐的一天后，均已安然入睡。午夜时分，厨房里的微波炉发生故障引起火灾，一刹那间大火便蹿上房顶。

大王在屋外发现险情，立即狂吠着冲进火海，闯进珍妮的卧室，咬着珍妮的衣领，将还在梦乡中的珍妮拖下床。

腾腾烈焰已窜进卧室，惊醒过来的珍妮和她的母亲在大王的帮助下，从卧室窗口翻出逃生。

当珍妮和妈妈逃出来后，发现爸爸还在屋内，这时珍妮的父亲已被烈焰和浓烟熏倒在地。

大王和珍妮的母亲再一次冲进火海，一起将珍妮的父亲救出屋外。待珍妮全家都脱险后，大王才最后一个跃出窗外。

因为勇敢的大王相助，珍妮一家人才幸免于难。

因为善良、怜悯和爱，他们成了相亲相爱的一家人。

因为是一家人，所以大家都要好好地在一起。

# 5.死亡的小鸟

生命女神写在故事首页的题字：你的离去，让孩子懂得了什么是死亡。

萌爷爷不喜欢养鸟。不是因为他不喜欢小鸟，相反，萌爷爷特别喜欢那些伶俐活泼的小鸟，太爱它们飞翔时优美的身影，在林间跳跃唱歌时美好的神态。萌爷爷认为：小鸟是大自然的精灵，是森林的灵魂，是自由活泼快乐的象征。如果把小鸟关在笼子里养着，它还算是真正的小鸟吗？

可是萌爷爷的小孙女星儿迷上了朋友家的一对虎皮鹦鹉，一只羽毛蓝得像秋日的晴空，名叫"蓝蓝"，一只黄得像盛开的秋菊，名叫"黄黄"。

"虎哥哥，我用充气大锤跟你换蓝蓝和黄黄吧。"星儿望着虎哥哥说。

这时候虎哥哥正好在疯玩星儿的新玩具充气大锤，用这个大锤子可以砸向任何东西，不用担心东西被砸坏，不用听虎妈妈那高分贝的吼声。

虎哥哥终于同意了星儿的交换条件，让星儿把鸟笼子和小鸟一起带回了家。

151

　　星儿高兴地围着鸟笼子转。萌爷爷却不高兴，他还是认为笼子里的小鸟称不上是真正的小鸟。

　　与小鸟同时带回来的还有一盒小米。每天早晨星儿起床后会给小鸟的食盆里添一匙小米，往鸟笼子里挂一片菜叶，也不算太麻烦。

　　几天过去了。

　　"爷爷，蓝蓝和黄黄的小米没有了。"星儿说。

　　"哦，小米吃完了给它们吃大米吧。"萌爷爷说。

　　晚上，守在鸟笼子前的星儿发现了问题："爷爷，快来看，黄黄生病了。"给它们的大米好像也没怎么吃。

　　萌爷爷过去一看：黄黄微闭着眼睛，羽毛蓬松，蓝蓝靠在它的身边，轻轻梳理着它的羽毛，又在它的耳边轻轻地鸣叫，多么像是温柔体贴的丈夫在安慰生病任性的娇妻。

　　萌爷爷被感动了，赶紧到鸟市买回了小米："吃吧，吃吧。"

萌爷爷把小米摆到了黄黄的嘴边，可是黄黄还是微闭着眼睛，耷拉着脑袋不再吃食。

第二天，黄黄倒在笼子里，死了。

萌爷爷用一个牛皮纸信封把黄黄放在里面："我们一起去把黄黄埋了吧。"

他们用小铲子在花园里挖了一个坑，把装黄黄的信封埋了进去。萌爷爷感到很愧疚，对不起星儿，更对不起黄黄。

这一天星儿总是心神不定，到了晚上，星儿说："我们去把黄黄接回家来吧。"

"不行啊，它死了，死了就不能回家了。它的身体会慢慢变成花儿草儿和大树的营养。变成一朵小花，变成一片树叶，它再也不会回来了。"萌爷爷这样说。

黄黄的离去，让小星儿第一次知道了什么叫作"死亡"。

# 6. 小鸟出逃之谜

生命女神的首页题字：食物和自由是一对矛盾，处理好这对矛盾，你就是我最可爱的孩子。

萌爷爷和星儿带着小鸟蓝蓝，到鸟市选了一只翠绿色的虎皮鹦鹉，并起名叫它"绿绿"。

绿绿和蓝蓝很快结成了伴儿。它们相互梳理着羽毛，晚上头靠头相偎而眠。清晨，它们在笼子里"叽叽喳喳"地跳跃欢叫，看得出它们很恩爱。

一天，星儿大叫："爷爷快来，黄黄飞回来了。"

萌爷爷到阳台一看，一只和黄黄长得一模一样的虎皮鹦鹉趴在鸟笼上，伸头想吃笼中的小米，可是却怎么也吃不着。小黄鸟急得在笼子外面跳上跳下。

"别吵，这不是黄黄，是另一只小黄鸟。"萌爷爷慢慢走过去，轻轻打开鸟笼门，嘿，小黄鸟快速钻进了鸟笼。

小黄鸟在笼子里毫无顾忌地大吃起来，蓝蓝和绿绿不高兴地挤它、啄它。它只是一闪躲开，然后又跳回食盒上大吃大喝，看来它是饿急了。

夜里，鸟笼里激烈的扑腾声把萌爷爷惊醒，起来一看，三只小鸟在笼中斗得正欢。蓝蓝和绿绿追着小黄鸟猛啄。小黄鸟东跳西藏躲闪着，时不时也来一次还击。

"蓝蓝、绿绿，你们怎么能这样对待新朋友呢？快别打了，乖乖睡觉吧。"萌爷爷关闭了阳台上的小灯，黑暗中小鸟们安静了下来。

第二天早晨，星儿来到阳台上。

立刻传来了星儿的哭喊声："爷爷，小鸟全跑了。"

萌爷爷急忙跑到阳台一看，果真，鸟笼门大开，鸟笼空空的。

"你怎么把鸟儿全放飞了？"

"不是我。"星儿说。

还好，鸟儿没飞远，三只小鸟都在阳台的晾衣杆上站着呢。看来小黄鸟已经被接纳了。

"快回来。"爷爷去追小鸟，当他的手快挨着它们的时候，小鸟展翅一冲飞了，但是它们并不飞远，转一圈又飞回来站到晾衣杆上。

展翅飞翔的蓝蓝、绿绿和黄黄真是美丽极了。

"算了，你们要飞就飞吧，不过我还是希望你们回来，这儿有吃有

喝呢。"萌爷爷把笼门打开，里面放上了小米和鲜嫩的青菜叶，一会儿三只小鸟都飞进笼子大吃起来，萌爷爷赶紧把笼门关上。

直到这时，星儿才破涕为笑。

"以后给鸟儿喂食小心点儿，别再忘了关门。"萌爷爷叮咛。

过了几天，又发生了鸟笼大开，鸟儿全部飞到晾衣杆上的事情。

所有的家人都说："不是我。"

萌爷爷用上次的办法，把鸟儿又引回了笼里。

是谁干的？小鸟怎么会集体出逃又不飞远呢？萌爷爷决定要解开这个谜团。

经过仔细观察，萌爷爷发现这一切都是新来的小黄鸟干的。

只见它用鹦鹉嘴灵巧地把锁着笼门的小竹棍拔掉，然后用头顺着门缝一挤，门就敞开了。三只小鸟一只跟着一只跳出了鸟笼，在空中自由飞翔，像三朵空中盛开的鲜花，美丽极了，又像三个自由翱翔的小精灵，可爱极了。

萌爷爷被这只聪明绝顶的小黄鸟感动了：它向往自由，但又离不开人提供给它的食物，所以它自投罗网，然后又打开鸟笼飞向天空。

萌爷爷和星儿决定，不再关鸟笼门，而是定时在笼中放些小米和菜叶。他们喂养了三只自由飞翔、美丽可爱的真正的小鸟。

# 7. 黑色的精灵

生命女神在故事首页写着：拥有精灵般的宠物，是宠物主人的荣耀。

星儿上四年级了。7月就放暑假了，萌爷爷答应再给星儿买只小动物。

宠物市场上的小伙子极力推荐他的小八哥："买一只小八哥，你们可以教它说话，没准还会唱歌，好玩得很！你们绝对不会后悔的。"

他从笼子里抓出一只鸟儿，向上一抛，鸟儿在空中飞了一个圈，又落到了鸟笼上。然后小伙子往小家伙大张着的嘴里喂了一口鸟食。

小伙子又拿出一个口哨吹了一声，对星儿说："你可以像这样训练它，可以带它到外面玩，只要你一吹口哨，它就会飞回来。"

一吹口哨它就会飞回来，太棒了！星儿决定，就要这一只小八哥。

小伙子又说鸟儿越小越好训练，于是他们就选择了一窝鸟儿中最小的一只。

　　它可能才出壳两三周，嫩黄色的小嘴，一见人就张着大嘴要吃的。小翅膀上的羽毛还没有长丰满，飞不高也飞不远。

　　"给它取个什么名字呢？"萌爷爷问。

　　"叫聪聪，聪明的聪。"星儿说。

　　"叫笨笨吧。因为名字叫笨笨就会越来越聪明的。"

　　一回到家，笨笨就获得了自由。鸟笼门开着，它可以自由出入，它最喜欢站在鸟笼上面要吃的。

　　星儿学习时，笨笨常常会站在椅子背上看她写作业，有时候会飞到书桌上乱跳，抢笔、抢书，闹个不停。

　　于是萌爷爷决定要把它关起来。萌爷爷提起鸟笼，拿出家长的威严，紧逼着笨笨，大声说："回家家，回家家。"笨笨一跳，就乖乖地进了笼子。萌爷爷再加上一句："笨笨真乖！"

以后每天都是这样，星儿放学，就打开鸟笼……然后是爷爷提起鸟笼，紧逼笨笨："回家家，回家家。"

笨笨很爱干净，每天要洗两次澡，拿一个小盆子盛一点儿水放在地上，它就会自己去洗澡，然后把羽毛整理得漂漂亮亮的。冬天洗完澡，星儿害怕它感冒生病，打开吹头发的电吹风，笨笨会在暖风下整理羽毛，表现出很享受的样子。

笨笨不挑嘴，除了专门的鸟食和黄粉虫外，也爱吃瘦肉丝和青菜叶子。它还喜欢吃主人常吃的零食，什么花生、核桃、葵花仁，都要从主人的嘴里分享一点儿，苹果、梨、橘子什么的，也要吃一点儿。

它还喜欢到厨房，看星儿的妈妈洗碗，然后跳到洗碗池子里吃一点儿什么好吃的。

笨笨很勇敢，看到地面上有活动的物体，它会毫不客气地冲上去与之搏斗。

星儿常常会用脚去逗它，两只脚跳着踢它，它也毫不畏缩，大叫着一次次冲向星儿穿着厚厚拖鞋的脚。

萌爷爷也喜欢逗笨笨玩。一次，萌爷爷正在给花草喷水，笨笨过来捣乱，萌爷爷用喷花草的水喷它，笨笨马上钻到星儿的裙子底下躲藏，看来它还真是不笨呢。

半年过去了，笨笨也长大了，换了一身乌黑漂亮的羽毛，飞翔的时候翅膀和尾巴有一圈白色。

笨笨突然聪明起来了，嘴里发出了许多复杂的音节。春节前，笨笨突然大声叫喊："妈妈，妈妈！"就和星儿夸张的叫法一模一样。

星儿和笨笨一真一假就这样叫来叫去，直把星儿妈妈叫得心里发慌。

笨笨还突然说出了："回家家，回家家。""笨笨真乖。""你好！你好！"它还爱学狗叫，把外面的小狗逗得叫个不停。

星儿常常对着鸟儿说："你真漂亮，真漂亮……"

笨笨终于学会了，每天对星儿说："你真漂亮。"

萌爷爷和星儿常常把笨笨带到外面玩，它也只在主人的身边飞来飞去。

有几次因为没有关好笼子，笨笨失踪了。原来，它独自飞到外面的大树上玩去了，当家人发现后，只要一呼唤"笨笨，笨笨"，它听到后就会回应"喳"，然后飞回到主人的身边。

笨笨陪伴星儿成长，与全家人一起度过了许多快乐时光。作为宠物主人，星儿和萌爷爷都深以笨笨为荣。

生命女神百宝箱里的故事讲完了，百宝箱也慢慢地合上了。